从小爱编程
Scratch
魔法课堂

[法]亚历珊德拉·贝尔纳　著

刘杭　张玲　译

U0304825

童趣出版有限公司编译　　人民邮电出版社出版

北　京

这本书是讲给谁的？

本书帮助孩子们用Scratch学习电子游戏的编程。

学习编程，意味着你掌握了21世纪的计算机语言。

本书面向6~12岁的孩子。

这个阶段的孩子可能对编程或者计算机科学没有特别的了解，

但是却对学习编程非常好奇或者渴望自己创建电子游戏！

循序渐进，快乐学习

本书设计的巧妙之处在于，孩子们通过创建4款游戏，

能够在娱乐中学会编程，激发兴趣。

本书语言简练，解释清晰，适合孩子独立操作。

如果孩子们想挑战一下自己，

那么，尝试用本书末尾的提示来创建一个属于自己的游戏吧！

孩子们遵循书中由易到难的章节顺序，

能够逐渐看到自己的进步。

SCRATCH是什么？

Scratch是一款由麻省理工学院媒体实验室终生幼儿园小组（The Lifelong Kindergarden Group at the MIT Media Lab）开发的免费编程软件，可以让人们通过可视化方式来学习基础的编程知识。

用Scratch编程，就像玩拼图游戏一样，把不同的指令模块拼在一起，创建出动画、故事情节以及游戏。

想了解更多信息，请访问Scratch官方网站。

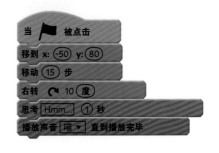

作者简介

亚历珊德拉·贝尔纳，毕业于巴黎索邦大学和高等新闻与多媒体传播学院。她从小热衷于计算机科学。2014年，她凭借在SSII和数码传媒领域工作15年的积累，推出"儿童科技学院"，这是针对7岁以上儿童的第一个数字化学院。

她的合作创始人托尼·巴塞特，跟她一样热爱数码科学，他们通过数字化创意工作室，启发7~17岁的孩子在编程、电子、机器人、照片和视频、3D（三维）以及数字艺术等方面的思维。

游戏插画：

被诅咒的钻石：**雷米·托尔尼奥尔**

篮球小将：**帕特里克·莫里兹**

贪吃小怪物：**马提亚斯·马林格雷**

宇宙大战：**姬柯**

目录

Scratch
第一步

在开始之前，
我们介绍了Scratch以及编程软件。
你看，非常简单吧！

什么是计算机语言？

　　你尝试过像和一个人交谈一样和计算机交谈吗，没有吧？那是因为计算机和我们讲的不是同一种语言。它们只懂机器语言，即二进制(由0和1组成)。例如，字母A，在计算机语言里就表示为01000001！

　　所以，为了跟计算机交流，同时不用大量地使用0和1，人类发明了计算机语言，计算机语言是一种更接近于人类想法和写法的语言。

> 1101010000011110 101
> 0101011 001 00111100 110
> 111000101010010010
> 011010010011100011100
> 00100 11001？

> 我，我什么都不明白！

编程，是什么意思？

　　本书将会教你编写程序，也就是给计算机下指令。对呀，如果你什么都不告诉计算机，它什么也不会做！

你将会学到

| 显示游戏背景 | 为游戏中的物品和角色定位 | 设置互动和冲突 | 创建分数和反向计数器 |

Scratch是如何工作的?

多亏了Scratch,让你就像玩拼图一样,把一个一个的指令模块拼起来,就可以创建游戏了!

1. 安装Scratch

首先要安装Scratch。Scratch是免费软件,可以兼容Mac OS/Windows/Linux系统。如果你的计算机上还没有Adobe Air,同时也要下载Adobe Air。

2.获得资源文件

获取本书资源,请扫描二维码。

3.运用Scratch教程

本书资源中的两个视频教程教你怎样使用Scratch。你可以观看线上视频,也可以把视频下载下来,需要的时候随时观看。

如何创建游戏？

你可以通过扫描第7页的二维码下载游戏所需要的全部图片和声音文件，你可以在网络畅通时一次性全部下载，也可以在不同时段分开下载。

这些资源被整理在5个文件夹中。

文件夹中的视频帮助你了解Scratch

01_教材_Scratch

02_被诅咒的钻石

03_贪吃小怪物

04_篮球小将

05_宇宙大战

这些文件会帮助你创建自己的游戏

通过本书，你将学会如何编写程序。

既简单又有趣！

只要一步步跟紧我们的讲解就够了。

你准备好了吗？那就开始吧！

被诅咒的钻石

身处丛林中的你快去追踪
被诅咒的钻石吧!
帮助冒险家找到宝藏,
躲避路途中各式各样的陷阱。

用时：1.5~2小时
等级：★

被诅咒的钻石

 扫描二维码，观看游戏演示。

游戏规则

游戏目标： 到达被诅咒的钻石宝藏的所在地。

在丛林中一直**沿着路**前进，你要做的是通过键盘上的方向键控制冒险家的方向。**如果偏离路线**，就要返回从头开始。

小心从上方滚过来的**石头**，提防躲藏起来的小蛇，注意那些淘气的**猴子**！

如果能够成功拿到完好无损的宝藏，你就获胜啦！

 冒险家　 香蕉　 猴子　 小蛇　 石头　 宝藏

想要创建游戏，你可以通过扫描上方的二维码下载游戏需要的图片和声音。

**祝你好运，
年轻的冒险家！**

插入背景

首先创建一个新游戏。点击文件菜单，选择新建项目命令。给游戏命名并保存。

1. 导入丛林背景。在舞台图案下方的图标区域中，点击 图标。

在 **02_ 被诅咒的钻石**文件夹中，选择背景文件**丛林 .svg**，然后点击窗口右下方的打开按钮。

舞台
1 背景

新建背景

> 导入背景文件**丛林 .svg**

2. 有了新背景后，我们就可以删除原来的白色背景了。选中第一个背景图案（背景 1），点击右上角的叉号删除该背景。是不是忘记做什么了？是的，那只 Scratch 小猫还在丛林中！别着急，过一会儿我们再把它删除。

新建背景

> 删除白色背景

背景 1
480X360

丛林
480X360

3. 现在我们要在游戏开始的时候显示出丛林背景，接下来就要开始编写脚本啦。点击脚本标签。

脚本　　背景

新建背景

> 点击脚本标签

丛林
480X360

4. 为这部分添加开始脚本文件。点击
事件窗口，在脚本区域，拖动并放置**当** 🏳
被点击模块。然后点击 外观 窗口，拖动并
在第一个模块下方放置**将背景切换为 < 丛
林 >** 模块。

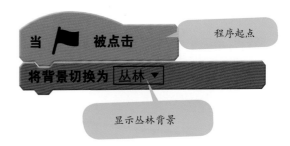

程序起点

显示丛林背景

添加背景声音

如果加入背景声音会怎样？

舞台

确认已经选择好的背景

1. 导入背景声音。点击声音标签，
点击 📤 图标导入声音文件。在 **02_ 被
诅咒的钻石**文件夹中，选择**背景音乐
1.wav** 和**背景音乐 2.wav** 文件，点击
打开按钮。

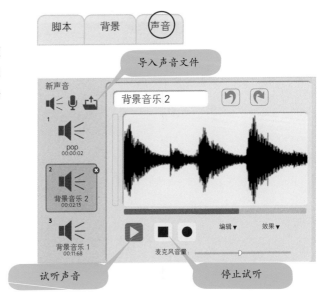

脚本　　背景　　声音

导入声音文件

新声音

背景音乐 2

1
pop
00:00:02

2
背景音乐 2
00:02:13

3
背景音乐 1
00:11:68

编辑 ▼　　　效果 ▼

麦克风音量：

试听声音

停止试听

2.回到脚本标签。在 **声音** 窗口中，拖出**播放声音<背景音乐1>直到播放完毕**模块，并放置在**将背景切换为<丛林>**模块下方。

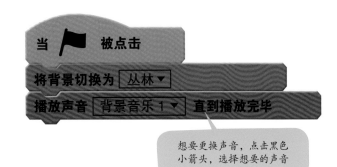

想要更换声音，点击黑色小箭头，选择想要的声音

3.如果想让游戏过程中一直有这个声音，那么就要无限播放这个声音。在 **控制** 窗口中，拖出**重复执行**模块，让它包住**播放声音<背景音乐1>直到播放完毕**模块。

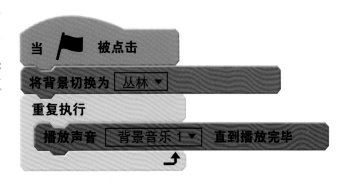

4.你可以设置音量大小，在 **声音** 窗口中，拖出**将音量设定为（100）**模块，把100改成20，放置在**重复执行**模块上方。

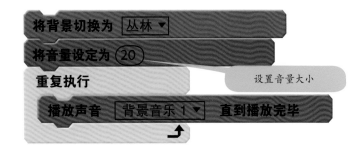

设置音量大小

自己测试一下！

点击 ▶ 按钮测试。然后点击 ●
并保存游戏： <u>文件</u> > <u>保存</u>！

点击绿色小旗，开始测试，点击红色按钮，停止测试

删除小猫

现在，我们要把 Scratch 小猫删除掉。在角色列表中，用鼠标右键点击**角色 1** 小猫图案，在弹出的快捷菜单中选择删除命令。

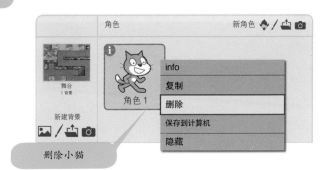

🕳 删除角色前要注意！

　　当你要删除一个角色时，同时也会删除掉该角色中的程序脚本文件。

添加冒险家并固定位置

1. 下面开始加入冒险家。在角色区域中，点击 🔼 图标，在**02_被诅咒的钻石**文件夹中，选择**冒险家.sprite2**文件。

导入角色文件
冒险家.*sprite2*

非常棒，冒险家已经出现在
舞台中的角色列表区域

2. 当你点击造型标签（在脚本标签右侧）时，你可以看到冒险家有四种造型：男孩或者女孩，分别面向右侧或者左侧。

在游戏开始前，你可以选择角色，决定要使用哪种造型来开始游戏。

3.点击脚本标签，然后点击 事件 窗口，在脚本区域，拖动并放置 **当▐▶被点击** 模块。然后点击 外观 窗口，拖动并在第一个模块下方放置 **将造型切换为<面向左侧的女孩>** 模块。点击黑色小箭头，在下拉菜单中选择 **面向右侧的男孩** 或者 **面向右侧的女孩** 造型。

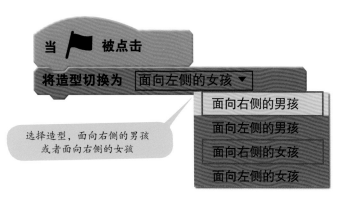

选择造型，面向右侧的男孩或者面向右侧的女孩

4.现在我们把冒险家放置在舞台左下方的位置。然后点击 运动 窗口，拖出 **移到x:（–37）y:（–29）** 模块，并放置在 **将造型切换为<面向右侧的男孩>** 模块下方(如果显示的不是相同的数字没有关系，我们可以在后面做改动)。双击选中数字，改为新的数值(x:–210,y:–150)，这样在游戏开始时，冒险家就会出现在坐标的这个位置。

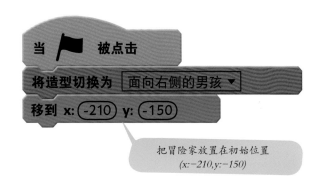

把冒险家放置在初始位置
(x:-210,y:-150)

自己测试一下！

点击▐▶按钮测试。然后点击●并保存游戏：文件 > 保存!

一直沿着路走,找到宝藏!

让冒险家说话

　　等待2秒,然后让冒险家说话,给出游戏的玩法介绍。然后点击**控制**窗口,拖出**等待（1）秒**模块,并放置在**移到x:（−210）y:（−150）**模块下方,再把1改成2。

　　然后,点击**外观**窗口,拖动并放置**说<Hello! >（2）秒**模块。把文本内容替换成"一直沿着路走,找到宝藏！"。

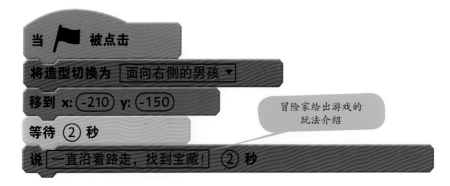

冒险家给出游戏的玩法介绍

自己测试一下！

　　点击▶按钮测试。非常棒,你成功地让冒险家说话了！记得保存游戏哟。

为冒险家指引方向

　　我们用键盘上的方向键控制冒险家的位置。

1.向上和向下的箭头

　　我们用垂直轴（y）控制冒险家从上到下或者从下到上。当按下上移键时,冒险家会沿着y轴向上移动。

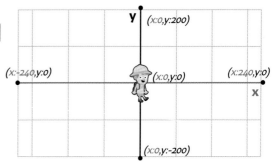

点击**事件**窗口，从脚本区域拖出**当按下<空格>键**模块，并放置在第一个脚本下方。点击黑色小箭头，在下拉菜单中选择**上移键**。

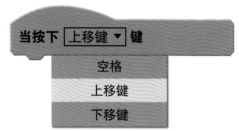

然后在**运动**窗口中，拖动并放置**将y坐标增加（10）**模块，把10改成30，表示在y方向增加30。

那么你有办法向下走吗？

在**事件**窗口中，拖出一个新的**当按下<空格>键**模块，在下拉菜单中选择**下移键**。然后拖动并放置**将y坐标增加（10）**模块，把10改成−30。

自己测试一下！

点击 ⚑ 按钮测试，确保按下向上或向下的箭头时冒险家能够向上或向下运动。当你按下向右的箭头时，是不是什么变化都没有？那是因为我们还没让冒险家转动方向！

2.向左和向右的箭头

想要让冒险家左右移动，原理是一样的，我们要用水平轴（x）代替y轴。

自己测试一下！

点击 ⚑ 按钮测试。非常好，现在冒险家可以左右移动了！

3. 你有没有发现什么?

当冒险家向左走时,感觉像是在后退。要想纠正这个问题,需要变换造型。在 外观 窗口中,拖出 **将造型切换为 <...>** 模块,并放

在每个小帽子模块下方,再根据方向选择正确的造型。

> 如果你选择男孩,就要写下面这些脚本

当按下 左移键 ▼ 键
将造型切换为 面向左侧的男孩 ▼
将x坐标增加 (-30)

> 如果你选择女孩,就要写下面这些脚本

当按下 右移键 ▼ 键
将造型切换为 面向右侧的男孩 ▼
将x坐标增加 (30)

当按下 左移键 ▼ 键
将造型切换为 面向左侧的女孩 ▼
将x坐标增加 (-30)

当按下 右移键 ▼ 键
将造型切换为 面向右侧的女孩 ▼
将x坐标增加 (30)

自己测试一下!

点击 🚩 按钮测试。然后点击 ⬤ 并保存游戏: 文件 > 保存!

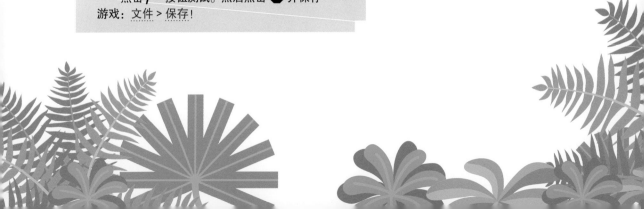

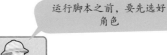

运行脚本之前，要先选好角色

冒险家

沿着路线走

你看到沿着小路的方向有两条红棕色边界了吗？当冒险家移动到路外面，也就是碰到了红棕色边界时，我们想做到让他回到初始的位置。我们把这个事件称为**条件**。

1.首先创建一个测试条件，确保游戏进程中，冒险家碰到了红棕色边界。

开始一段新脚本：点击**事件**窗口，拖出**当 ▶ 被点击**模块，并放置在脚本区域。然后，点击**控制**窗口，拖出**如果<...>那么**和**重复执行**两个模块，让**重复执行**模块包住**如果<...>那么**模块，确保条件在整个游戏进程中都会被执行。

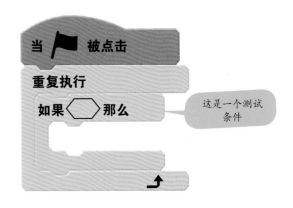

这是一个测试条件

2.添加碰到红棕色边界的条件。在**侦测**窗口中，拖出**碰到颜色<...>?** 模块，放置在**如果<...>那么**模块中间的六边形凹槽内。确保模块左边的尖角放置在六边形凹槽中，现在不用担心颜色问题。

确保碰到颜色 <...>? 模块左边的尖角放置在六边形凹槽中

点击**碰到颜色<…>?** 模块中带颜色的小正方形，当鼠标箭头变成小手后，可以改变颜色。移动鼠标小手到舞台中的红棕色边界上，当到达红棕色颜色最深的位置时点击鼠标。

当 ▶ 被点击

重复执行

如果　碰到颜色 █ ?　那么

当达到红棕色颜色最深
的位置时点击鼠标

3. 如果这个条件设置好了，也就是说当冒险家碰到红棕色边界时，他就要返回到出发的位置。

点击**运动**窗口，拖出**移到x: (…) y: (…)** 模块，放在**如果<…>那么**模块内部，并赋上数值*(x:-210, y:-150)*。

当 ▶ 被点击

重复执行

如果　碰到颜色 █ ?　那么

移到 x: (-210) y: (-150)

如果冒险家碰到红棕色边界，
就让他返回到出发的位置

4. 在冒险家碰到边界时，添加音效。在**声音**窗口中，拖动并放置**播放声音<boing>**模块。

当 ▶ 被点击

重复执行

如果　碰到颜色 █ ?　那么

移到 x: (-210) y: (-150)

播放声音 boing ▼

在冒险家碰到边界时，
添加音效

自己测试一下！

点击 ▶ 按钮测试。尝试让冒险家不触碰边界一直走到结尾。如果冒险家能越过边界且没回到初始点，那么就要好好检查你选择的颜色是不是小路边缘的深红棕色。

宝藏

添加并定位宝藏

　　添加宝藏角色。在角色区域，点击  图标，在02_被诅咒的钻石文件夹中，选择宝藏.sprite2。点击造型标签，你看，这里有两个宝藏造型：关闭的宝藏和打开的宝藏。

　　游戏开始前，宝藏位于舞台右上方小路尽头的位置，处于关闭的状态。点击脚本标签，编写脚本文件。

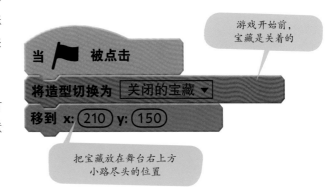

游戏开始前，宝藏是关着的

把宝藏放在舞台右上方小路尽头的位置

打开宝藏

　　当冒险家到达小路尽头的时候，打开宝藏，这样游戏就结束了。接下来就要完成脚本文件：如果冒险家打开了宝藏，就将造型切换为打开的宝藏，并结束游戏。

　　1.我们要检验冒险家拿到宝藏前的每个时刻。加入条件测试。在**控制**窗口中，拖出**等待(1)秒**模块，放在**移到x:(...) y:(...)**模块下方，接着添加**重复执行**和**如果<...>那么**模块。

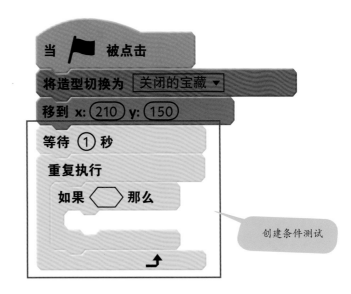

创建条件测试

2.现在在**如果<...>那么**模块中加入条件。在**侦测**窗口中，拖出**碰到<...>?**模块，放置在**如果<...>那么**模块中间的六边形凹槽内，在下拉菜单中，选择冒险家。

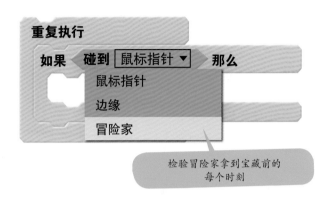

检验冒险家拿到宝藏前的每个时刻

3.如果冒险家拿到了宝藏，会发生什么呢？宝藏要开启啦！我们要切换宝藏的造型。还记得之前是怎么做的吗？当冒险家成功拿到宝藏时，游戏就要停止。在**控制**窗口中，拖出**停止<全部>**模块，放在**将造型切换为<打开的宝藏>**模块下方。

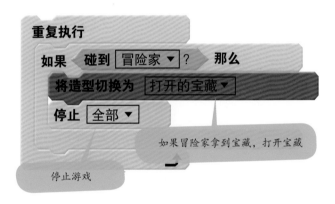

如果冒险家拿到宝藏，打开宝藏

停止游戏

4.给打开的宝藏添加一个声音效果怎么样？在**声音**窗口中，拖出**播放声音<宝藏>直到播放完毕**模块，放在**停止<全部>**模块上方。

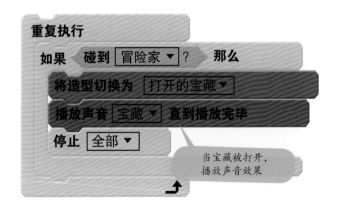

当宝藏被打开，播放声音效果

显示屏幕背景：太棒了

　　游戏结束宝藏被打开时，显示屏幕背景：太棒了。

　　1.导入太棒了背景。在背景图案下方，点击图标，在**02_被诅咒的钻石**文件夹中，选择背景文件**太棒了**.svg。

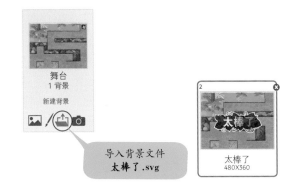

导入背景文件
太棒了.svg

太棒了
480X360

　　2.回到宝藏角色的脚本文件中。停止游戏前，显示太棒了背景，并加入声音效果直到游戏结束。

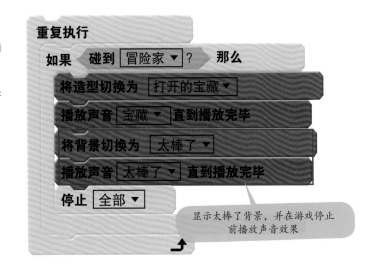

重复执行

如果　碰到 冒险家 ▼ ？　　那么

将造型切换为　打开的宝藏 ▼

播放声音 宝藏 ▼ 直到播放完毕

将背景切换为　太棒了 ▼

播放声音 太棒了 ▼ 直到播放完毕

停止 全部 ▼

显示太棒了背景，并在游戏停止前播放声音效果

自己测试一下！

　　点击 ▶ 按钮测试。然后点击 ● 并保存游戏：文件 > 保存！

石头

添加滚动的石头

现在看起来游戏太简单了，加入些滚动的石头怎么样？

加入石头

在角色区域，点击 图标，并导入文件**石头.sprite2**。编写脚本，把石头放置在舞台中大石头的旁边，位置设定为*(x:90, y:-90)*。

当 ▶ 被点击

移到 x:(90) y:(-90)

让石头滚动起来

让石头从现在的位置滚动到舞台的左侧边界，几秒钟之后再滚动回初始的位置。

1.在**控制**窗口中，拖出**重复执行**模块，放在**移到x: (90) y: (-90)** 模块下方。

在**运动**窗口中，在**重复执行**模块内部放入**面向（-90）方向**模块，为了让石头向左移动，再在下面放置**移动 (10) 步**模块。你可以更改石头滚动的速度，比如把10改成3，可以减小速度。你也可以试试其他数字哟!

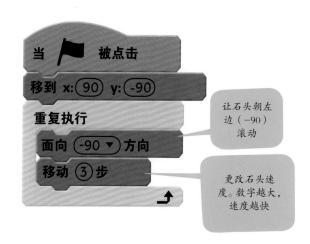

当 ▶ 被点击

移到 x:(90) y:(-90)

重复执行
　面向 (-90 ▾) 方向
　移动 (3) 步

让石头朝左边（-90）滚动

更改石头速度。数字越大，速度越快

2.为了让石头看起来是自己在滚动，需要在不同的造型上直接进行切换。在**外观**窗口中，拖出**下一个造型**模块，放在**移动 (3) 步**模块下方。

重复执行
　面向 (-90 ▾) 方向
　移动 (3) 步
　下一个造型

改变造型，让石头看起来是自己在滚动

让石头在边界处停下

我们想要让石头滚动到舞台边缘，然后再回到初始位置。

在**控制**窗口，拖出**重复执行直到<...>**模块，让它包住在**重复执行**模块中的另外三个模块。然后，在**侦测**窗口中，拖出六边形条件模块**碰到<...>?**，并在下拉菜单中选择**边缘**。

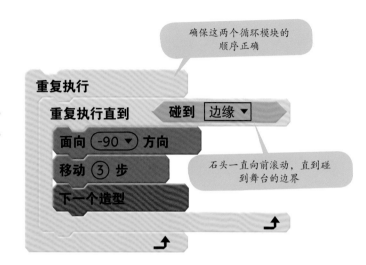

确保这两个循环模块的顺序正确

石头一直向前滚动，直到碰到舞台的边界

返回到初始位置

好吧，我们在初始位置重新定位一块石头，等待几秒后，让它向前滚动。

在**重复执行直到<...>**模块下方添加**移到x:(90) y:(−90)**模块。然后在**控制**窗口中，拖动并摆放**等待(1)秒**模块。再在**运算**窗口中，拖出**在(1)到(10)间随机选一个数**模块替换**等待(1)秒**模块中的数字1。你可以控制石头再次出现的速度，比如可以把1改成3，把10改成5。

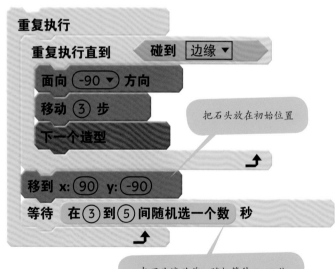

把石头放在初始位置

在石头滚动前，随机等待3~5秒

自己测试一下！

点击 🏳 按钮测试。然后点击 ⏺ 并保存游戏。

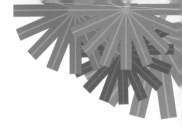

石头

躲避石头

如果石头碰到了冒险家会发生什么？暂时还什么都不会发生，因为你还没有告诉冒险家该做什么！当然，如果石头碰到了冒险家，那么就失败了。

1. 像刚刚给宝藏添加脚本一样，我们要增加一个测试条件来判断石头是否碰到了冒险家。重新建一个脚本。

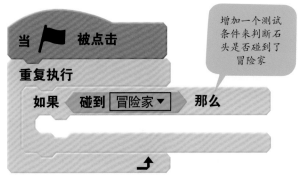

增加一个测试条件来判断石头是否碰到了冒险家

2. 石头一旦碰到冒险家，就显示失败背景同时停止游戏。点击 📤 图标导入背景文件**失败**.svg。返回到石头的脚本处，添加**外观**窗口中的**将背景切换为<失败>**模块和**控制**窗口中的**停止<全部>**模块。

你知道怎么在游戏结束前添加声音效果吗？

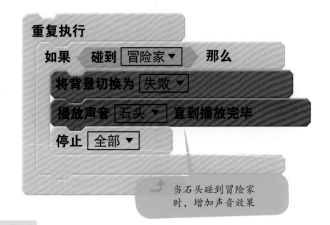

当石头碰到冒险家时，增加声音效果

自己测试一下！

点击 🚩 按钮测试。然后点击 ⬤ 并保存游戏。

小蛇

添加小蛇

丛林中充满了陷阱，现在要躲避丛林中的小蛇啦！游戏开始时，小蛇隐藏在第一个满是植物的藏身处，几秒钟之后，它会从藏身处出来向右爬去。冒险家可以在藏身处躲避石头，但要小心被小蛇吃掉，否则游戏结束！

隐藏起来的小蛇

导入文件**小蛇**.sprite2来添加小蛇这个角色，编写脚本文件，把小蛇的位置设定在第一个满是植物的藏身处，坐标为*(x:-150, y:-160)*。

当 🏴 被点击

移到 x: (-150) y: (-160)

> 把小蛇的位置设定在第一个满是植物的藏身处，坐标为 *(x:-150,y:-160)*

小蛇从藏身处出来

几秒钟之后，小蛇从藏身处出来，穿过地面向右边爬去。

在**控制**窗口中，拖出**等待**（1）秒模块，放置在**移到**x:（-150）y:（-160）模块下方，再把**运算**窗口中的**在**（3）**到**（5）**间随机选一个数**模块拖出并放在数字1的位置。接着在下方放置**运动**窗口中的**在**（1）**秒内滑行到**x:（-90）y:（-160）模块。

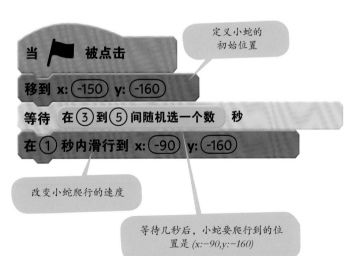

> 定义小蛇的初始位置

当 🏴 被点击

移到 x: (-150) y: (-160)

等待 在 ③ 到 ⑤ 间随机选一个数 秒

在 ① 秒内滑行到 x: (-90) y: (-160)

> 改变小蛇爬行的速度

> 等待几秒后，小蛇要爬行到的位置是 *(x:-90,y:-160)*

小蛇到达第二个藏身处

几秒钟后，小蛇要出现在第二个满是植物的藏身处。继续编写脚本。

修改等待时长

定义小蛇在第二个藏身处的位置
(x:-30,y:-160)

小窍门！

你可以按鼠标右键选择复制命令，然后按左键把复制的内容放在你需要的位置。

等待	复制	选一个数 秒
在①秒	删除	-160
	添加注释	
	帮助	

小蛇返回到第一个藏身处

小蛇等待几秒后返回到第一个藏身处。

添加**等待（1）秒**模块和**在（3）到（5）间随机选一个数**模块，接着用**重复执行**模块包住前两个模块。

重复执行模块能让脚本文件返回到初始位置，也就是小蛇能返回到第一个藏身处

在返回第一个藏身处前，等待几秒钟

躲避小蛇

非常棒！现在我们要加入一个事件：如果冒险家碰到了小蛇，那么就失败了，游戏结束。

遵循冒险家碰到石头时的逻辑，你知道如何编写这段脚本吗？

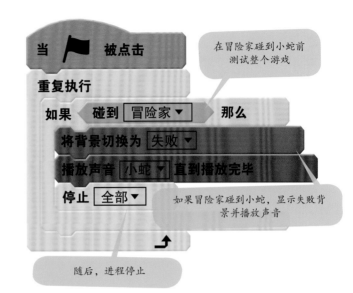

在冒险家碰到小蛇前测试整个游戏

如果冒险家碰到小蛇，显示失败背景并播放声音

随后，进程停止

小窍门！

你可以把整个脚本文件从一个角色复制到另一个角色中。比如把石头的脚本文件复制到小蛇这里，你只需要把石头的声音换成小蛇的声音。

猴子

香蕉

添加小猴子和香蕉

太聪明了，现在你是个真正的冒险家了！准备迎接新的冒险了吗？如果我们添加一些捡香蕉的调皮的猴子会怎么样？

导入角色文件**猴子1.svg**和**香蕉1.svg**，编写脚本，在舞台中给这两个角色定位。

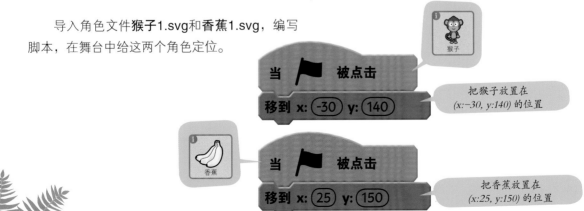

把猴子放置在 (x:-30, y:140) 的位置

把香蕉放置在 (x:25, y:150) 的位置

猴子开始时要正面对着我们，等待几秒后可以移动。

显示正面的猴子

猴子等待2～4秒，然后就去捡香蕉。当然你可以随意改变等待时间

让猴子"动起来"

现在我们要让猴子"动起来"：在整个游戏进程中，让猴子朝向右侧捡香蕉，接着回到初始的位置。

1. 朝香蕉奔去

要想让猴子捡到香蕉，就要向右移动两个格子，通过变换造型让它"动起来"。

小窍门！

点击造型标签，可以看到所有猴子的造型。

在**控制**窗口，拖出**重复执行**（10）**次**模块把10改成2，并放在**等待**［在（2）到（4）间随机选一个数］秒模块下方。

在**运动**窗口中，拖出**移动**（10）**步**模块放在循环模块中，把10改成15，朝着香蕉方向移动一格。然后在**移动**（15）**步**模块下面放置**下一个造型**模块和**等待**（0.5）秒模块，让猴子"动起来"。

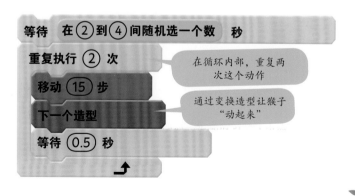

在循环内部，重复两次这个动作

通过变换造型让猴子"动起来"

2. 返回到初始位置

 猴子1　 猴子2　 猴子3　 香蕉1

现在，猴子要返回到初始位置。

使用同样的脚本文件，但要向左移动，就要把脚本改为**移动 (−15) 步**，而不是15。

单击鼠标右键，复制整个**重复执行 (2) 次**模块，然后放在上一模块的下方，将**移动 (15) 步**模块中的15改成−15。

在**移到x: (−30) y: (140)**模块下方添加**重复执行**模块，并将其下方所有模块包住，使得猴子在整个游戏中一直在移动。

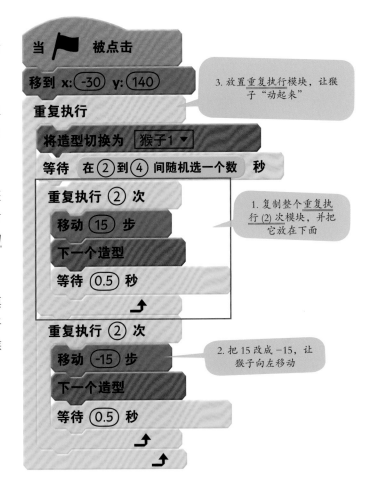

3. 放置重复执行模块，让猴子"动起来"

1. 复制整个重复执行 (2) 次模块，并把它放在下面

2. 把 15 改成 −15，让猴子向左移动

自己测试一下！

点击 🏳 按钮测试。然后点击 ⬤ 并保存游戏！

香蕉

使香蕉掉落并躲避香蕉

1. 首先，让香蕉掉下来

点击香蕉1角色。然后在 运动 窗口中，拖出 在 (1) 秒内滑行到x: (25) y: (150) 模块，并放在 移到x: (25) y: (150) 模块下方，把150改成−30。

可以通过修改时长改变掉落速度。你可以试试2秒或者3秒。

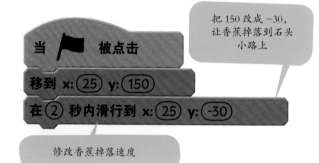

把150改成 −30，让香蕉掉落到石头小路上

修改香蕉掉落速度

2. 很棒，但是我们要做的是当猴子碰到香蕉后，香蕉才能掉下来

打开 控制 窗口，拖出 在 <...>之前一直等待 模块，放在 移到x: (25) y: (150) 模块下方，然后在 侦测 窗口中，拖出 碰到 <..>? 模块放在其六边形凹槽中，并在下拉菜单中选择 猴子1。用 重复执行 模块包住以上三个模块，使得香蕉能够回到上方再继续掉落。

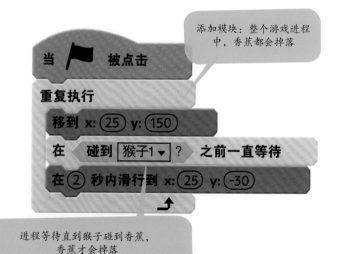

添加模块：整个游戏进程中，香蕉都会掉落

进程等待直到猴子碰到香蕉，香蕉才会掉落

小窍门！

点击舞台左上角的 ⬛，可以全屏游戏。

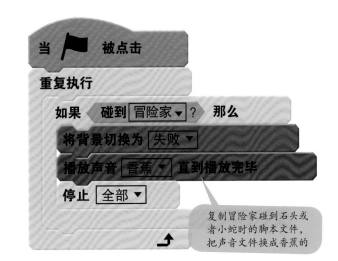

3.躲避香蕉

太棒了！如果冒险家碰到香蕉，你知道怎么停止游戏吗？这和冒险家碰到石头或者小蛇时的逻辑是一样的。

自己测试一下!

点击 ▶ 按钮测试。然后点击 ⬣ 并保存游戏!

复制冒险家碰到石头或者小蛇时的脚本文件，把声音文件换成香蕉的

添加第二只猴子和第二根香蕉

我们如何增加一只猴子？很简单，只要复制猴子就可以了。

选中**猴子1**图案，点击鼠标右键，在下拉菜单中选择**复制**命令。这样，就有第二只猴子了，**猴子2**和**猴子1**是一样的脚本文件。

把第二只猴子放在第一只猴子旁边，修改脚本。

猴子2

点击猴子2，修改坐标值为x:90。

当 ▶ 被点击

移到 x: (90) y: (140)

点击猴子2，修改坐标值为 x:90

香蕉2

复制香蕉1，在香蕉2角色中修改脚本，把坐标值改为x:145。

当 ▶ 被点击

重复执行

　移到 x: (145) y: (150)

　在 　碰到 猴子2▼ ? 　之前一直等待

　在 (2) 秒内滑行到 x: (145) y: (-30)

修改香蕉2坐标值为 x:145

注意，猴子2要触碰香蕉2

自己测试一下！

点击 ▶ 按钮测试。然后点击 ● 并保存游戏！

钻石

奖励

添加欢迎页面

　　添加欢迎页面，导入角色文件**被诅咒的钻石**.sprite2，并编写脚本。

当 ▶ 被点击

移到 x: ⓪ y: ⓪

移至最上层

显示

等待 ② 秒

隐藏

把第一个背景角色放在舞台中央

2秒内显示该角色，然后隐藏起来，开始出现游戏背景

你学到的

显示游戏背景

通过箭头控制角色

添加角色并给角色定位

设置角色间的交互情景

添加声音效果

贪吃
•小怪物•

你变成了贪吃的小怪物，
帮它吃掉所有的汉堡、薯条，并喝掉苏打水。
当心！它对水果过敏。

贪吃
·小怪物·

用时：1.5~2小时
等级：★★

 扫描二维码，观看游戏演示。

游戏规则

游戏目标： 吃掉10个汉堡、10包薯条，并喝掉10杯苏打水。

躲避水果： 我们的小怪物对水果严重过敏！

如果你能成功吃掉所有汉堡、薯条并喝光苏打水，而且没碰到任何一种水果（橘子、苹果和梨），你就获胜啦！

| 怪物 | 薯条 | 饮料 | 汉堡 | 橘子 | 苹果 | 梨 |

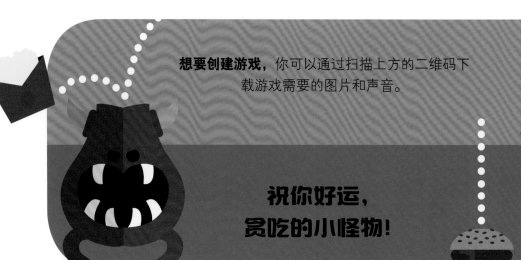

想要创建游戏， 你可以通过扫描上方的二维码下载游戏需要的图片和声音。

祝你好运，
贪吃的小怪物！

导入背景

首先创建一个新游戏。点击文件菜单，选择新建项目命令。给游戏命名并保存。

1.导入游戏介绍背景。在舞台图案下方的图标区域中，点击  图标。

在**03_贪吃小怪物**文件夹中，选择背景文件**游戏介绍.svg**，然后点击窗口右下方的**打开**按钮。

导入背景文件**游戏介绍.svg**

2.用同样的方法，导入游戏环境文件**游戏.svg**。

导入游戏环境文件
游戏.svg

3.选中白色背景图案，点击右上角的叉号删除该背景。也可以用鼠标右键点击白色背景图案，在弹出的快捷菜单中选择**删除**命令。

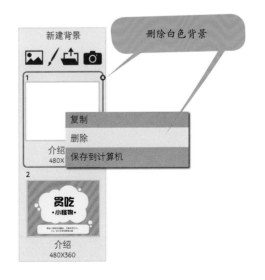

删除白色背景

4.现在我们已经导入了背景，接下来显示游戏介绍背景，3秒后，切换到游戏环境背景。

点击脚本标签，在 事件 窗口的脚本区域中，拖动并放置当 ▶ 被点击模块。然后点击 外观 窗口，拖动并在第一个模块下方放置两个 将背景切换为 <游戏> 模块，并在上一个模块的下拉菜单中选择介绍。

5.想让两个模块执行之间暂停3秒，在 控制 窗口中，拖出 等待 (1) 秒模块，放置在两个 将背景切换为 <...> 模块中间，再把1改成3。

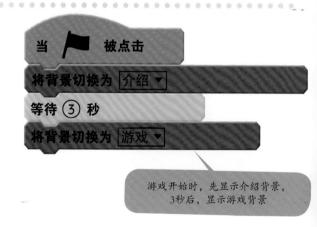

游戏开始时，先显示介绍背景，3秒后，显示游戏背景

自己测试一下!

点击 ▶ 按钮测试。然后点击 ● 并保存游戏：文件 > 保存!

随机显示食物

1.删除小猫

删除小猫。在角色列表中，用鼠标右键点击 **角色**1小猫图案，在弹出的快捷菜单中选择删除命令。

删除小猫

2.添加食物

　　添加食物。在角色区域，点击 图标，在03_贪吃小怪物文件夹中，选择角色文件**食物1.sprite2**。

3.在介绍背景中隐藏食物

　　游戏开始时，在介绍背景显示时，要隐藏食物。

　　鼠标点击角色区域的食物1，然后在 事件 窗口中，拖动并放置**当背景切换到<游戏>**模块，并在下拉菜单中选择**介绍**。然后在 外观 窗口中，拖动并在第一个模块下方放置**隐藏**模块。

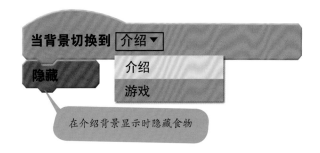

4.在游戏背景中显示食物

　　当游戏背景显示时，要让隐藏的食物显示出来。

　　在 事件 窗口中，拖动并放置**当背景切换到<游戏>**模块。然后在 外观 窗口中，拖动并在第一个模块下方放置**隐藏**模块和**显示**模块。

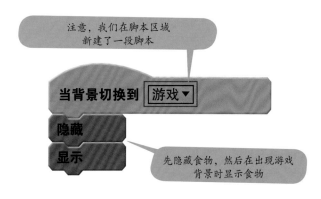

5.随机选择食物

　　点击造型标签，你可以看到食物1的不同造型：薯条、汉堡、饮料、橘子、梨、苹果。在这六种造型中随机选择一种。

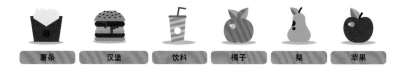

　　点击脚本标签，然后点击**外观**窗口，拖出**将造型切换为<...>**模块，放置在**隐藏**和**显示**模块中间。

　　要想随机显示一个造型，需要添加一个在1~6之间随机选一个数的条件。

　　在**运算**窗口中，拖出**在（1）到（10）间随机选一个数**模块，放在**将造型切换为<...>**模块中，并把10改成6。

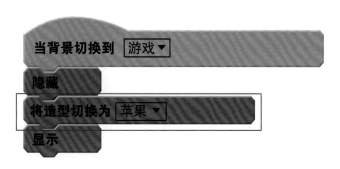

在1~6号造型中随机切换

自己测试一下！

　　点击 ⚑ 按钮测试，确保每次点击绿色小旗子，画面中会在六个造型中随机显示一个。然后点击 ⬣ 并保存游戏！

让食物掉落

现在我们要让食物从舞台的上方掉落下来。首先在上方给食物定位，几秒后掉落下来。

1.在舞台上方给食物定位，要从 运动 窗口中拖出**移到x:( ) y:( )**模块，放在**将造型切换为<...>**模块下方。在括号里添加数值*(x:0,y:165)*，这样就能让食物出现在舞台上方中间位置啦。

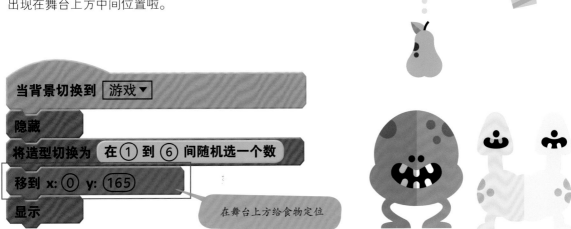

当背景切换到 游戏▼

隐藏

将造型切换为 在①到⑥间随机选一个数

移到 x: ⓪ y: ⑯⑤

显示

在舞台上方给食物定位

2.在显示食物和让它掉下来之前等待几秒。点击 控制 窗口，拖出**等待 (1)秒**模块，放置在**移到x:(0)y:(165)**模块下方。再在 运算 窗口中，拖出**在(1)到(10)间随机选一个数**模块替换**等待 (1)秒**模块中的数字1，可以把数字1和10改成0和3。

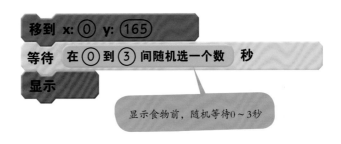

移到 x: ⓪ y: ⑯⑤

等待 在⓪到③间随机选一个数 秒

显示

显示食物前，随机等待0～3秒

3.让食物落下，直到触碰到舞台边缘。在 控制 窗口中，拖出**重复执行直到<...>**模块，放在**显示**模块下方。然后，在 侦测 窗口中，拖出**碰到<...>?** 模块放进上一个模块的六边形凹槽中，点击黑色小箭头并在下拉菜单中选择边缘。

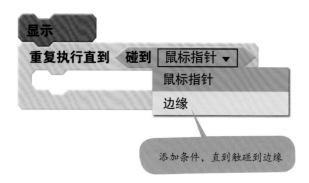

添加条件，直到触碰到边缘

然后在 运动 窗口中，拖动**将y坐标增加（10）**模块放在**重复执行直到碰到<边缘>**模块内部，把10改成-5，表示食物在y轴方向垂直下降。你可以任意改变下降速度（比如，想要速度变快可以改成-6，想要速度变慢可以改成-3）。

设置食物在y轴方向落下的速度

自己测试一下！

点击 ⚑ 按钮测试，食物能从高处落下直到舞台边缘。如果食物不是垂直落下，而是从左向右移动，确认一下你用的应是**将y坐标增加(10)**模块，而不是**将x坐标增加(10)**模块。然后点击 ● 并保存游戏！

4.为了让食物连续掉落，我们要返回到脚本文件开始的位置，创建一个循环。

在**控制**窗口中，拖出**重复执行**模块，包住其他所有模块。

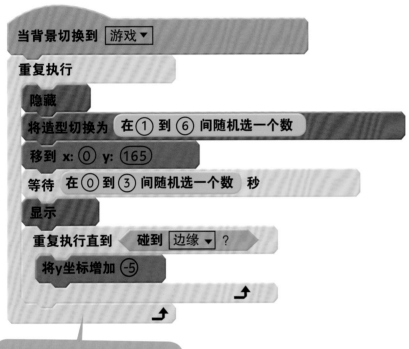

> 为了让食物连续掉落，用**重复执行**模块，包住其他所有模块

自己测试一下!

点击 🚩 按钮测试。然后点击 ⬣ 并保存游戏!

添加贪吃的小怪物

1.添加小怪物

接下来就要添加贪吃的小怪物啦！选择你喜欢的小怪物并把它导入进来。

红色　　　蓝色　　　绿色　　　紫色　　　黄色

在角色区域中，点击 图标，选择你喜欢的小怪物。例如，选择**03_贪吃小怪物**文件夹中的**怪物-红色. sprite2**。

新建角色：

> 导入**怪物-红色.sprite2**
> 或者你喜欢的小怪物

2.显示小怪物

小怪物有多种造型。游戏开始时，要显示一个状态正常且没有过敏的小怪物。

红色1　　红色2　　红色3　　红色4　　红色5

点击脚本标签，在脚本区域开始一段新脚本，在<u>事件</u>窗口中，拖出并放置**当** 被点击模块。然后点击<u>外观</u>窗口，拖动并在第一个模块下方放置**将造型切换为<...>**模块，并在下拉菜单中选择**怪物**。

当 ▶ 被点击

将造型切换为 怪物 ▼

> 游戏开始时，显示一个没有小脓包状态的怪物

3.给怪物定位

在舞台左下方给怪物定位。要从**运动**窗口中拖出**移到x:( ) y:( )**模块，放在上一个模块下方，并在括号中分别添加数值：−180和−145。

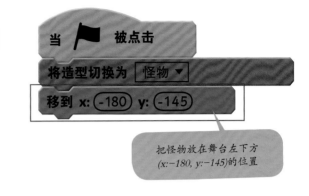

把怪物放在舞台左下方
(x:−180, y:−145)的位置

自己测试一下!

点击 ⚑ 按钮测试。然后点击
⬣ 并保存游戏!

移动怪物

怪物可以在左右键的控制下移动5个位置，到达舞台边缘就会停止移动。

1.向右移动

首先按下向右的箭头，让怪物向右移动。开始新的脚本，添加**当背景切换到<游戏>**模块。

整个游戏过程中，都要验证玩家是否按下向右的箭头，在**当背景切换到<游戏>**模块下方放置**重复执行**模块，在其内部添加**控制**窗口中的**如果<...>那么**模块。

怪物在舞台中的5个位置

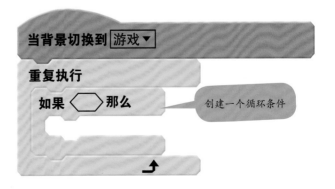

创建一个循环条件

在 侦测 窗口中，添加**按键 <空格>是否按下？** 模块，并在下拉菜单中选择**右移键**。

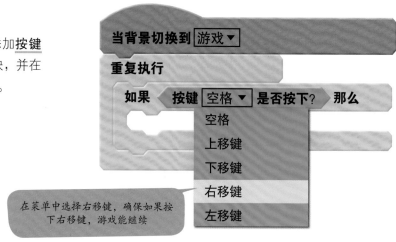

当背景切换到 游戏 ▼

重复执行

如果 按键 空格 ▼ 是否按下？ 那么

空格
上移键
下移键
右移键
左移键

在菜单中选择右移键，确保如果按下右移键，游戏能继续

如果按下右移键，小怪物要做什么呢？当然是向右移动啦！每次按下右移键，小怪物要向右移动90步。

在 运动 窗口中，把**将x坐标增加（10）** 模块放在**如果<...>那么**模块中，把10改成90。

为了让小怪物在变换位置的时候慢一点儿，接着放置**控制**窗口中的**等待（1）秒**模块，把1改成0.2。

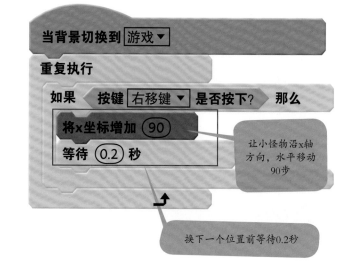

当背景切换到 游戏 ▼

重复执行

如果 按键 右移键 ▼ 是否按下？ 那么

将x坐标增加 90

等待 0.2 秒

让小怪物沿x轴方向，水平移动90步

换下一个位置前等待0.2秒

自己测试一下！

点击 🏁 按钮测试，按下键盘右移键。非常棒，小怪物可以在按下右移键的时候顺利向右移动！保存游戏。

2.限制怪物移动

怪物移动不能超出舞台边缘。

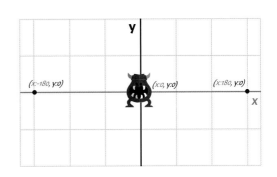

为了让怪物在向右移动时不超出舞台边缘（长360），我们可以限制它的移动距离。意思是 x 坐标要小于180(舞台最右边点)。

在**如果<...>那么**模块中加入第二个条件。在**运算**窗口中，拖出<...>**与**<...>模块，放置在**如果<...>那么**模块内的六边形凹槽中。再把**按键<空格>是否按下？**模块放在第二个六边形凹槽中（要注意，在松开鼠标前，六边形凹槽呈现变量的状态），并在下拉菜单中选择**右移键**。

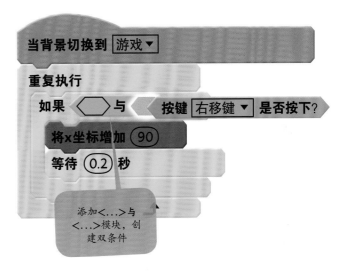

添加<...>**与**<...>模块，创建双条件

下面加入第二个条件：x 小于180。在**运算**窗口中，拖出[...]<[...]模块（注意符号的方向），放在<...>**与**<...>模块的第一个六边形凹槽中。

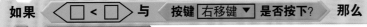

在 运动 窗口中，拖出x坐标模块（怪物水平方向的位置），放在[...]<[...]模块的第一个方框中。

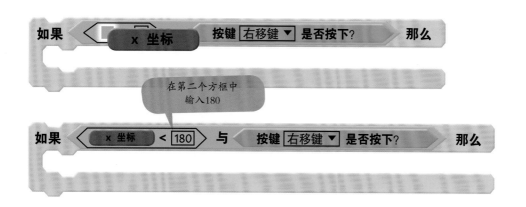

如果 ⟨ x 坐标 ⟩ 按键 右移键 ▼ 是否按下? 那么

在第二个方框中
输入180

如果 ⟨ x 坐标 < 180 ⟩ 与 按键 右移键 ▼ 是否按下? 那么

就是这样！你已经创建了一个双条件：如果右移键被按下，并且怪物没有碰到舞台边缘（即x小于180），那么怪物向右移动。

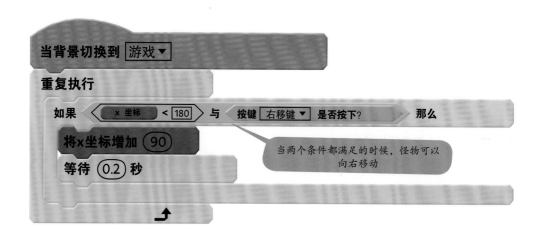

当背景切换到 游戏 ▼

重复执行

如果 ⟨ x 坐标 < 180 ⟩ 与 按键 右移键 ▼ 是否按下? 那么

将x坐标增加 90

等待 0.2 秒

当两个条件都满足的时候，怪物可以
向右移动

自己测试一下！

点击 ⚑ 按钮测试，确保怪物不会到达舞台边缘。保存游戏。

3.向左移动

现在，你能自己做到让小怪物向左移动吗？尝试继续编写脚本，让小怪物能在左移键被按下的时候向左移动。

在**控制**窗口中，在第一个模块下方添加第二个**如果<...>那么**模块。拖出**等待（1）秒**模块，把1改成0.2。然后在**侦测**窗口中，添加条件模块**按键<空格>是否按下？**，并在下拉菜单中选择**左移键**。最后，在**运动**窗口中，拖出**将x坐标增加（10）**模块放在**等待（0.2）秒**模块上方，把10改成−90，这样就可以向左移动了。可以通过点击 ▶ 按钮和按左移键来验证。

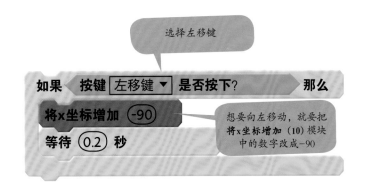

为了避免怪物碰到左边的边缘，添加第二个条件：x大于−180。在**运算**窗口中，拖出[...]>[...]模块（注意符号的方向），放在<...>与<...>模块的第一个六边形凹槽中。在**运动**窗口中，拖出x坐标模块（怪物水平方向的位置），放在[...]>[...]模块的第一个方框中，在第二个方框中输入−180（舞台左边缘）。

就是这样！你已经创建了一个双条件：如果左移键被按下，并且怪物没有碰到舞台边缘（即x大于−180），那么怪物向左移动。

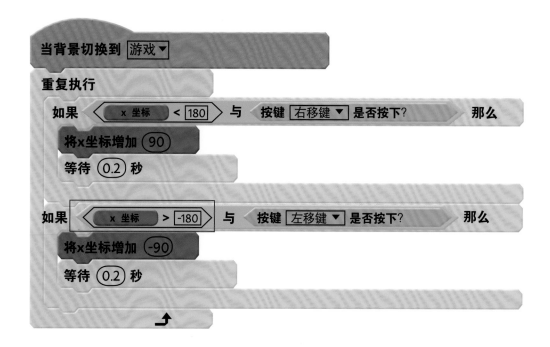

小窍门

你可以按下鼠标右键复制该模块，在弹出的快捷菜单中选择复制命令即可。接着只需要把有变化的数值改了就行。

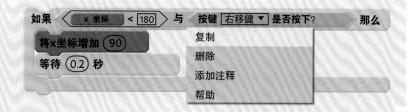

自己测试一下！

　　点击 ▶ 按钮测试。很棒，怪物可以向左移动又不会碰到舞台边缘！保存游戏并继续。

食物1

抓住食物

帮助怪物抓住食物！如果怪物抓住食物，那么隐藏食物并播放声音。

点击食物1图标，在脚本区域开始一段新脚本，编写循环条件。

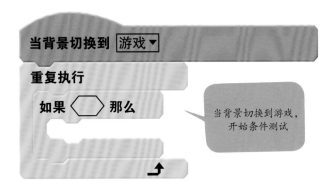

当背景切换到游戏，开始条件测试

加入条件。在**侦测**窗口中，拖出**碰到<...>?** 模块，放置在**如果<...>那么**模块的六边形凹槽中。在下拉菜单中选择**怪物**。

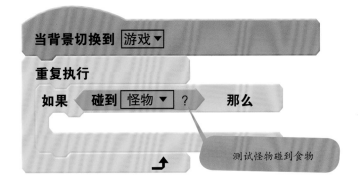

测试怪物碰到食物

隐藏食物，并播放声音。在**外观**窗口中，拖出**隐藏**模块，放在**如果<...>那么**模块内部。接着在下面添加**声音**窗口中的**播放声音<...>**模块，在下拉菜单中选择声音boing。

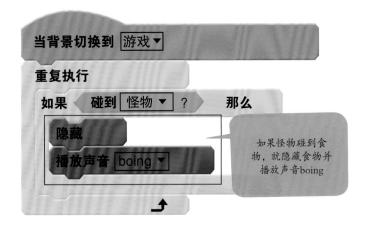

如果怪物碰到食物，就隐藏食物并播放声音boing

分数计数器

　　给游戏计分怎么样？下面我们要统计怪物吃掉了多少汉堡、薯条以及喝掉了多少苏打水。它要吃掉10个汉堡、10包薯条并喝掉10杯苏打水。

　　要想计算怪物吃掉的薯条数量，我们需要给薯条创建一个计数器。薯条数量要存储在一个小格子里，我们称它为变量。

1.创建变量

　　创建变量薯条。点击**数据**窗口，然后点击**建立一个变量**按钮。把变量命名为**薯条**，选中**适用于所有角色**，这样所有角色都可以读写这个变量，然后点击**确定**按钮。

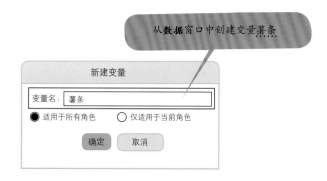

从**数据**窗口中创建变量薯条

显示变量

　　在舞台上方显示变量。在右上方放上1包薯条，用鼠标右键点击计数器，在下拉菜单中选择**大屏幕显示**命令。

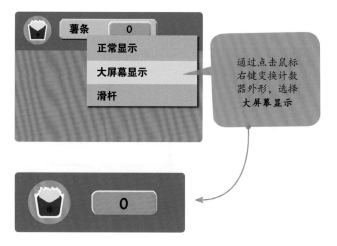

通过点击鼠标右键变换计数器外形，选择**大屏幕显示**

初始化变量

小怪物的目的就是吃掉10包薯条。游戏开始时，把薯条值设为10。点击舞台图案，在 事件 窗口中，拖动并放置 **当背景切换到 <游戏>** 模块，接着在其下方放置 **数据** 窗口中的 **将<薯条>设定为 (0)** 模块，把0改成10。

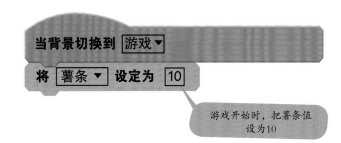

游戏开始时，把薯条值设为10

自己测试一下!

　　点击 🚩 按钮，验证游戏开始时变量值为10。但是现在这个变量显示在介绍背景中，我们要把它隐藏起来。

设置变量显示

在介绍背景下隐藏变量，在游戏背景下显示变量。在背景中，点击 数据 窗口，拖出 **隐藏变量<薯条>** 模块，放置在 **等待 (3)秒** 模块上方，这样就可以在介绍背景下隐藏变量了。

接着在 **将<薯条>设定为 (10)** 模块下方，放置 **显示变量<薯条>** 模块，这样就可以在游戏背景下显示变量了。

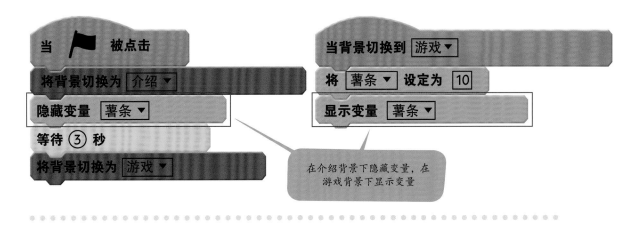

在介绍背景下隐藏变量，在游戏背景下显示变量

食物1

2.计算薯条

每次怪物成功碰到薯条，就要在计数器中减1。点击**食物1**图标。

点击 数据 窗口，拖出**将 <薯条>增加(1)** 模块，放置在 **播放声音<boing>** 模块下方，把1改成−1。如果你测试得很快，就会发现，对所有的食物，计数器都会工作，而不是仅仅针对薯条。接着加入第二个条件，让计数器只针对薯条工作，也就是食物1的第一个造型。

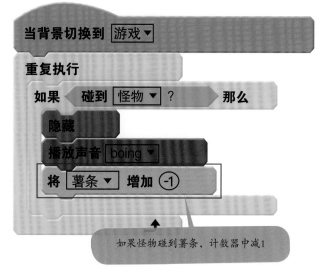

当背景切换到 游戏 ▼

重复执行

如果 碰到 怪物 ▼ ？ 那么

隐藏

播放声音 boing ▼

将 薯条 ▼ 增加 −1

如果怪物碰到薯条，计数器中减1

在 运算 窗口中，拖出**<...>与<...>** 模块放在**如果<...>那么** 模块中，并把**碰到<怪物>？** 模块放在**<...>与<...>** 模块的第一个六边形凹槽中，然后在第二个六边形凹槽中放入 [...]=[...] 模块。

在 外观 窗口中，拖出**造型编号** 模块，放入 [...]=[...] 模块的第一个方框中，第二个方框中输入1。造型1就代表薯条。

如果 碰到 怪物 ▼ ？ 与 造型编号 = 1 那么

确保选中造型1，它代表薯条

自己测试一下！

点击 ▶ 按钮，确保计数器能够准确记录怪物抓到的薯条数量。保存游戏。

停止计数

当怪物成功吃掉10包薯条，计数就可以停止。也就是说，只要计数器大于0就一直计数。

添加**如果<...>那么**模块，包住**将<薯条>增加（-1）**模块。再在**运算**窗口中，拖出条件模块[...]>[...]。第一个方框中填入**数据**窗口中的**薯条**变量，第二个方框中填入数字0。

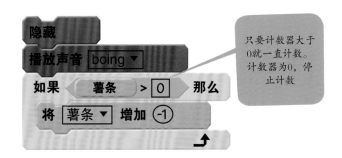

只要计数器大于0就一直计数。计数器为0，停止计数

自己测试一下！

点击 ▶ 按钮测试，确保吃到10包薯条后计数器停止。保存游戏。

3.计算汉堡

现在开始计算汉堡的数量！首先在**数据**窗口中，创建变量**汉堡**，放在汉堡分数栏中。返回到舞台图案处。在介绍背景中隐藏该变量，在游戏背景中显示该变量。把汉堡变量初始值设为10。

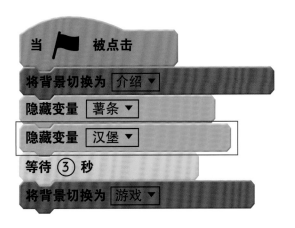

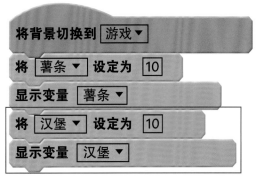

点击食物1图标，创建新脚本。这段脚本和薯条变量的一样，但是要注意，把脚本中的薯条换成汉堡。造型2就代表汉堡。

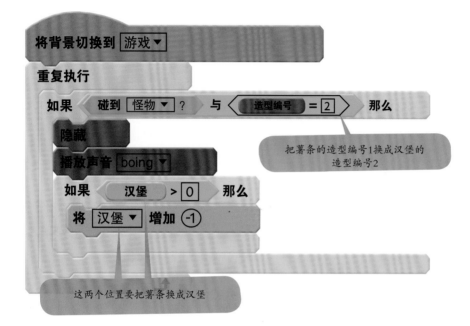

将背景切换到 游戏▼

重复执行

如果 碰到 怪物▼ ？ 与 造型编号 = 2 那么

隐藏

播放声音 boing▼

把薯条的造型编号1换成汉堡的造型编号2

如果 汉堡 > 0 那么

将 汉堡▼ 增加 -1

这两个位置要把薯条换成汉堡

自己测试一下！

点击 🚩 按钮测试，确保薯条和汉堡的计数器计数正确。保存游戏。

4.计算苏打水

　　给苏打水计数也是同样的办法。创建变量苏打水，放在苏打水分数栏中。参考汉堡变量的作法，设置苏打水在不同背景中的显示状态。把苏打水变量初始值设为10。

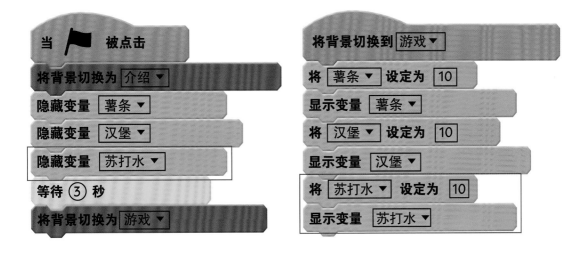

在食物1角色中继续添加脚本。

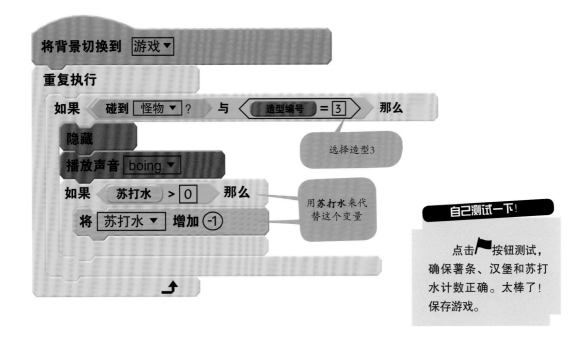

选择造型3

用苏打水来代替这个变量

自己测试一下！

　　点击▶按钮测试，确保薯条、汉堡和苏打水计数正确。太棒了！保存游戏。

显示屏幕背景：太棒了

如果小怪物完成了游戏目标，吃掉了10个汉堡、10包薯条并喝掉了10杯苏打水，即变量薯条、汉堡和苏打水的值都变为0，那么就显示太棒了背景并停止游戏。

点击背景图案，导入背景文件**太棒了.svg**。新建一段脚本，以**当背景切换到<游戏>**模块开始。然后用**重复执行**和**如果<...>那么**模块创建一个循环条件。

然后在 运算 窗口中，拖出两个<...>与<...>模块，把其中一个<...>与<...>模块放在另一个<...>与<...>模块的后面的六边形凹槽中。

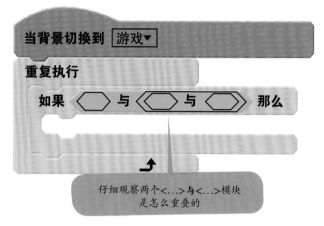

仔细观察两个<...>与<...>模块是怎么重叠的

在空格中添加三个条件。

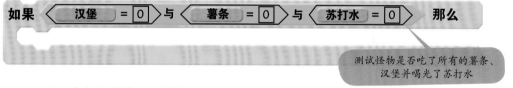

测试怪物是否吃了所有的薯条、汉堡并喝光了苏打水

如果三个条件都满足，就显示太棒了背景，并停止游戏。

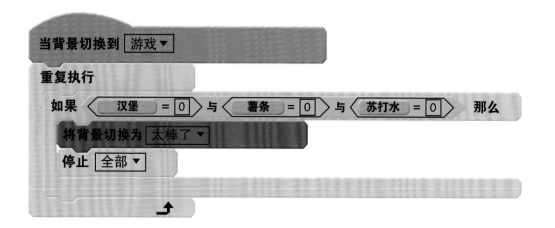

同样可以加入**播放声音<...>直到播放完毕**模块。

点击声音标签，从文件夹中导入声音文件**太棒了**。

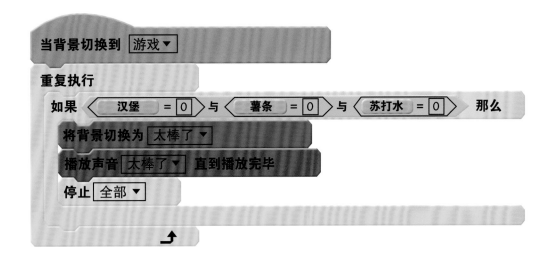

吃到水果

非常棒，贪婪的小怪物吃掉了所有的薯条、汉堡并喝光了苏打水！现在要做的是，如果怪物吃了水果（造型编号4、5和6），就要停止游戏。它需要躲避水果，否则就会失败。

首先导入背景文件**失败.svg**。点击**食物1**角色，创建新脚本并准备给食物添加条件。

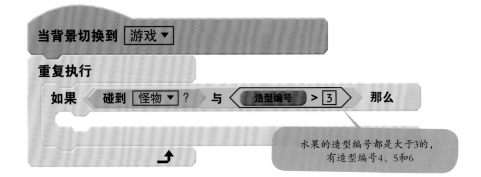

水果的造型编号都是大于3的，
有造型编号4、5和6

如果怪物吃到水果，就要隐藏水果并切换到失败背景。在 <u>外观</u> 窗口中，拖出<u>**隐藏**</u>和<u>**将背景切换为**</u><u>**<...>**</u>模块，并在其下拉菜单中选择<u>**失败**</u>，放置在<u>**如果<...>那么**</u>模块内部。

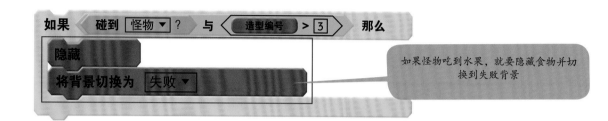

如果怪物吃到水果，就要隐藏食物并切换到失败背景

自己测试一下！

确保怪物吃到水果，背景会切换为失败。食物还会继续掉落？我们稍后做些改动。先保存游戏。

添加过敏反应

现在，我们要在怪物吃到水果后，给它添加过敏反应。点击怪物图标，开始一段新脚本，**当背景切换到<失败>**模块。

如果失败，怪物会出现过敏反应，然后游戏停止。怪物有4个造型，逐渐显示出来。在<u>控制</u>窗口中，拖出**重复执行 (10) 次**模块，把10改成4，包住从<u>外观</u>窗口中拖出的**下一个造型**模块和从<u>声音</u>窗口中拖出的**播放声音<pop>**模块。

别忘了**等待 (0.3) 秒**模块，可以在切换造型时有一点儿时间间隔，最后在整个循环下面添加**停止<全部>**模块。

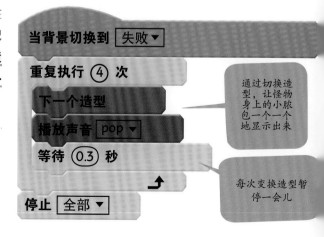

通过切换造型，让怪物身上的小脓包一个一个地显示出来

每次变换造型暂停一会儿

当背景切换为失败，我们要隐藏食物并且停止食物掉落。

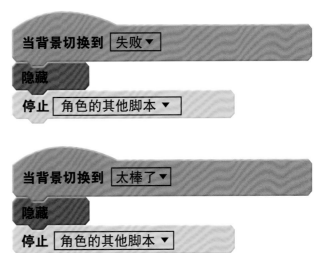

停止角色的所有脚本文件。点击**食物1**图标，在**当背景切换到<失败>**模块下方放置**隐藏**模块，接着放置**控制**窗口中的**停止<全部>**模块，在下拉菜单中选择**角色的其他脚本**。在太棒了背景中也要添加相同的脚本。

复制食物

完美！现在所有的功能都按照我们的需求完成了，我们可以把食物复制到另外4个中。鼠标右键点击食物1，从弹出的快捷菜单中选择**复制**命令。

这样就出现了食物2。只需要改变坐标值，就可以把它放在左边的位置。点击食物2图标，修改横坐标的值，x:-90。

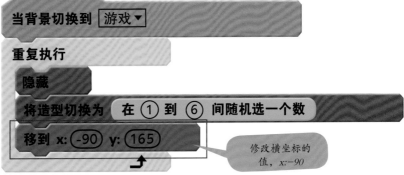

修改横坐标的值，x:-90

剩下三列也这样做：复制食物，修改*x*的坐标值（y的值不变，始终是165）。

薯条 30x29	汉堡 29x27	饮料 19x30	橘子 27x30	梨 21x30
x: -180	x: -90	x: 0	x: 90	x: 180

自己测试一下！

自己玩玩游戏吧。记得保存！

奖励

个性化游戏

你可以修改食物落下的速度或者怪物的移动速度，也可以加入声音效果或者背景音乐。

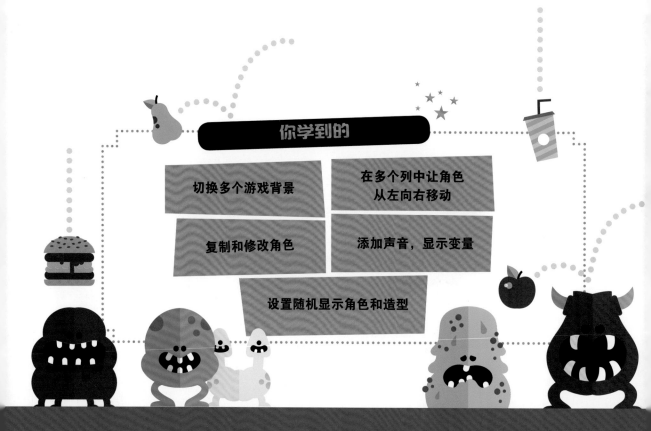

你学到的

切换多个游戏背景

在多个列中让角色从左向右移动

复制和修改角色

添加声音，显示变量

设置随机显示角色和造型

现在你变成了篮球冠军！

在篮球场上，你瞄准投篮，

在九十秒内拿到最高分吧！

篮球小将

用时：2~2.5小时
等级：★★★

扫描二维码，观看游戏演示。

游戏规则

游戏目标：九十秒内尽可能得到更多的分数。

通过方向键，从左向右**移动双手**。

注意：得分越多，篮筐移动越快！那么，瞄准……

 篮球

 篮筐

星星

双手

运动员

想要创建游戏，你可以通过扫描上方的二维码下载游戏需要的图片和声音。

祝你好运，小冠军！

游戏前准备

1.导入背景

　　首先创建游戏篮球小将：点击文件菜单，选择新建项目命令。给游戏命名并保存。接着打开04_篮球小将文件夹，导入两个背景文件篮球小将.svg和篮球场.svg，然后删除白色背景。

2.更换背景

　　游戏开始时先显示篮球小将欢迎背景，然后显示篮球场背景。

　　点击脚本标签，开始一段新脚本，首先放置当 ▶ 被点击模块。然后点击外观窗口，拖动并在第一个模块下方放置两个将背景切换为<...>模块，并分别在其下拉菜单中，选择篮球小将和篮球场。

现在添加一段音乐背景。点击声音标签，然后点击 ⬆️ 图标，从资源文件夹中导入声音资源。选择声音文件**介绍.wav**。

回到脚本标签，在 `声音` 窗口，拖出两个模块**将背景切换为 <...>** 和**播放声音 <...> 直到播放完毕**。别忘了在下拉菜单中选择**介绍**。

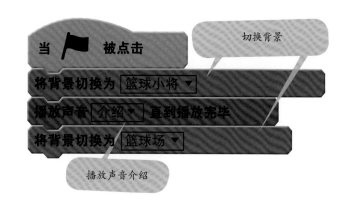

切换背景

当 🚩 被点击

将背景切换为 `篮球小将 ▼`

播放声音 `介绍 ▼` 直到播放完毕

将背景切换为 `篮球场 ▼`

播放声音介绍

3.添加角色

删除小猫角色，然后点击 ⬆️ 图标，导入所有角色文件：篮球. sprite2、篮筐. sprite2、星星. sprite2、运动员. sprite2、双手. sprite2。

篮球　　篮筐　　星星　　运动员　　双手

游戏开始前，隐藏所有角色，让它们不会在篮球小将欢迎背景中显示出来。点击运动员角色，编写脚本让他在游戏开始时隐藏：在 `事件` 窗口中，拖动并放置**当 🚩 被点击**模块。然后点击 `外观` 窗口，在第一个模块下方放置**隐藏**模块。接着，仔细给其他角色也添加同样的脚本。现在不用担心角色位置的问题。

给所有的角色复制这段脚本

当 🚩 被点击

隐藏

小窍门！

你可以通过把脚本直接拖动到角色图标上的方法，实现把脚本文件整体从一个角色复制到另一个角色中。

4.选择运动员

点击运动员角色。可以在下列角色中选择自己的运动员，在接下来的游戏中可以进行个性化设置。

| 女孩_1_站立 | 男孩_1_站立 | 男孩_2_站立 | 女孩_2_站立 |

首先让运动员出现在篮球场上。在 **事件** 窗口中，开始一段新脚本，拖动并放置 **将背景切换到<篮球场>** 模块。从 **运动** 窗口中拖出 **移到x: ( ) y: ( )** 模块，放在上一个模块下方，接着输入数值 *(x : 175, y : –45)*，把运动员定位在篮球场右侧。

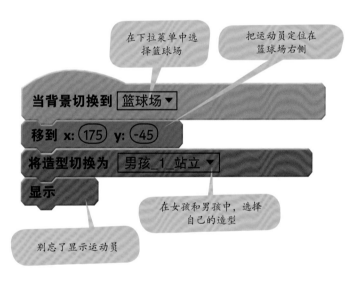

在下拉菜单中选择篮球场

把运动员定位在篮球场右侧

当背景切换到 篮球场▼

移到 x: 175 y: -45

将造型切换为 男孩_1_站立▼

显示

在女孩和男孩中，选择自己的造型

别忘了显示运动员

5.让运动员"动起来"

现在要让运动员可以说话，并且在开始前做出投篮的动作。在**显示**模块下方添加**说（Hello!）（2）秒**模块，输入你想要的文本，再添加**将造型切换为<...>**模块，选择**动作**造型（运动员跳起准备投篮的动作）。

然后在**运动**窗口，拖出**在(1)秒内滑行到 x:( ) y:( )**模块，输入数值*(x:100,y:90)*，让运动员能平稳地向篮筐滑行，做出起跳投篮的感觉。

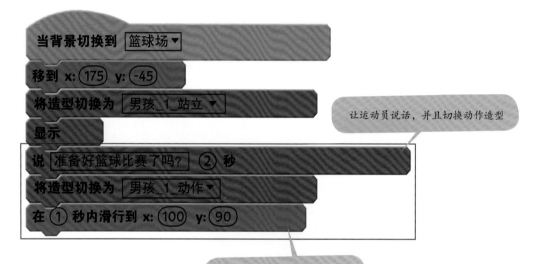

> 让运动员说话，并且切换动作造型

> 让运动员平稳地向篮筐滑行

6.发送开始指令

现在让运动员给出开始指令，短暂的口哨声后开始这场篮球比赛!

继续添加脚本，在**外观**窗口中，拖出**说（Hello!）（2）秒**模块，输入你想要的文字，比如：比赛开始啦!

在**声音**窗口，拖动并放置**播放声音<...>**模块，并在下拉菜单中选择声音**口哨声**。

添加**外观**窗口中的**隐藏**模块。最后，给所有的角色发送消息，通知他们游戏开始。

在**事件**窗口中，拖动并放置**广播<GO>**模块，并在下拉菜单中创建新消息**开始**。

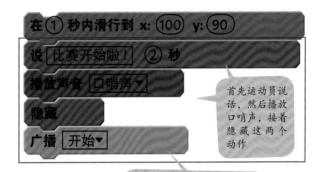

首先运动员说话，然后播放口哨声，接着隐藏这两个动作

最后，给所有的角色发送消息，通知他们游戏开始

自己测试一下!

点击 ⚑ 按钮测试，然后点击 ⬤ 并保存游戏：**文件 > 保存**!

放置篮筐、星星和双手

1.放置篮筐

　　一旦游戏开始，就要显示出篮筐和星星。点击篮筐角色，开始新的脚本，添加**事件**窗口中的**当接收到<GO>**模块，并在下拉菜单中创建新消息**开始**。把篮筐固定在*(x:0,y:100)*的位置，添加**显示**模块。

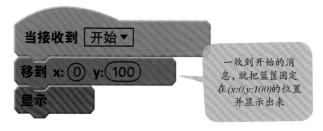

> 一收到开始的消息，就把篮筐固定在*(x:0,y:100)*的位置并显示出来

2.放置星星

　　我们要把星星放在篮筐上方的位置，并让它在整个游戏过程中一直慢慢地旋转。

　　点击星星角色，开始新的脚本**当接收到<开始>**模块。接着显示出星星，添加**外观**窗口中的**移至最上层**模块，然后放置**显示**模块。

　　在**控制**窗口中，添加**重复执行**模块。为了让星星出现在篮筐上，在**运动**窗口中，拖出**移到<鼠标指针>**模块，并在下拉菜单中选择**篮筐**。接着让星星旋转起来，添加**右转 ↻**（15）度模块，调整旋转速度。

> 在最上层显示出星星

> 把星星放置在篮筐上

> 星星连续向右转动（如果你选择向左就可以向左转动）。你还可以改变旋转速度，比如可以改成5

3.放置双手

点击双手角色，开始新的脚本，在**事件**窗口中拖出**当接收到<GO>**模块，并在下拉菜单中创建新消息**开始**。把双手角色放置在舞台中间下方的位置，坐标设为*(x:0,y:-147)*。接着，切换双手的造型：**双手_颜色_浅_1**或者**双手_颜色_深_1**，然后添加**显示**模块。

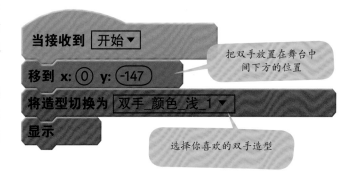

把双手放置在舞台中间下方的位置

选择你喜欢的双手造型

双手要一直放在篮球前面，这样看起来就像一直抱着球，所以要让双手不停地返回到第一个舞台背景中。创建一段新的脚本，放置**当▊被点击**模块，在它的下方放置**隐藏**模块，然后添加**重复执行**模块，并在其内部放置**移至最上层**模块。

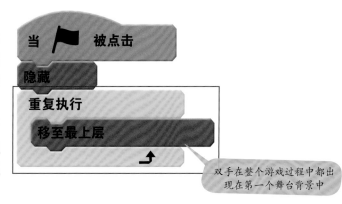

双手在整个游戏过程中都出现在第一个舞台背景中

放置篮球

1.放置篮球

在篮球投掷出去之前，它的位置要和双手一样高。想要投球，需要按下空格键。

点击篮球角色，开始新的脚本**当接收到**<GO>模块，并在下拉菜单中创建新消息**开始**，接着添加**显示**模块。在[控制]窗口中，添加**重复执行**模块，然后在其内部放置**重复执行直到**<...>模块。接着在[侦测]窗口中，把**按键**<空格>**是否按下?**模块放入上一模块的六边形凹槽中。

最后，在[运动]窗口中，把**移到**<鼠标指针>模块放在**重复执行直到**<...>模块内部，并在下拉菜单中选择**双手**。

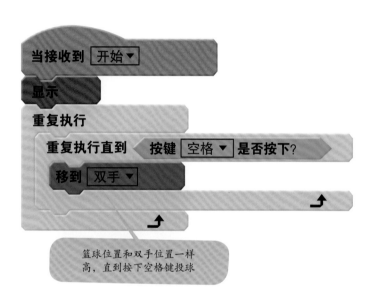

篮球位置和双手位置一样高，直到按下空格键投球

2.把球投掷到空中

一旦按下空格键，球就要到达空中，直到碰到星星。

在下面添加第二个条件，**重复执行直到<...>**模块和**碰到<...>**模块，并在下拉菜单中选择星星命令。接着在**重复执行直到<...>**模块内部放置**运动**窗口中的**将y坐标增加 (10)**模块，让篮球沿着垂直轴运动直到碰到星星。

投掷完成后，篮球要回到手中：**重复执行**模块就能实现这个动作。

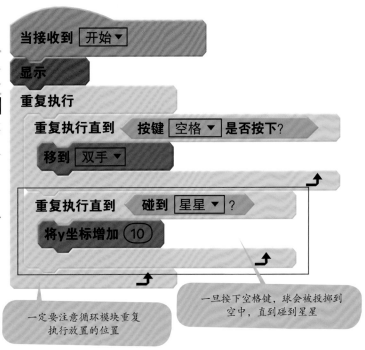

当接收到 开始▼

显示

重复执行

　重复执行直到　按键 空格▼ 是否按下?

　移到 双手▼

　重复执行直到　碰到 星星▼ ?

　将y坐标增加 (10)

一定要注意循环模块重复执行放置的位置

一旦按下空格键，球会被投掷到空中，直到碰到星星

自己测试一下！

点击 🏴 按钮测试。按下空格键，试着完成几次投掷。保存游戏！

3.把球投向篮筐

下面做一些修改，让篮球能投掷出漂亮的曲线。我们需要给篮球添加重力，根据球的高度，改变重力值。

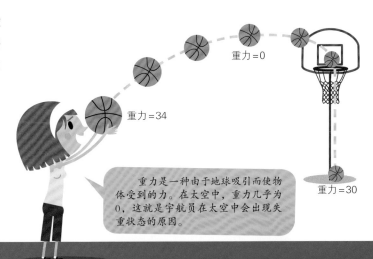

重力 =0

重力 =34

重力 =30

重力是一种由于地球吸引而使物体受到的力。在太空中，重力几乎为0，这就是宇航员在太空中会出现失重状态的原因。

设置下落重力

在 数据 窗口中，创建重力变量，可以设置篮球下落重力。

设置初始重力值为34，每次球向篮筐运动，重力值减少2。在两个**重复执行直到<...>**模块中间，添加**将<重力>设定为（0）**模块，把0改成34。接着，在模块内部放入**将y坐标增加（10）**模块，用重力变量替代数字10。然后，在下面加入**将<重力>增加（1）**模块，把1改成−2。

接下来，隐藏显示在游戏左上角的变量，就是把重力左边方框中的对号取消掉。

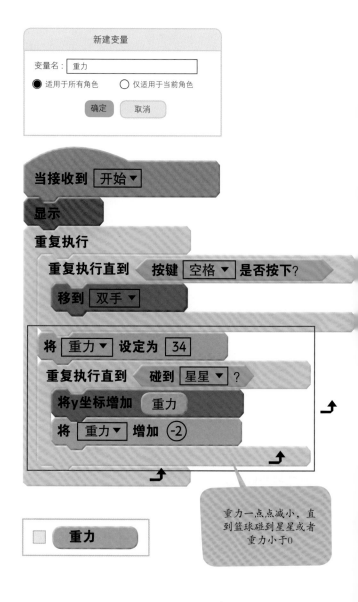

重力一点点减小，直到篮球碰到星星或者重力小于0

设置篮球的大小

为了突出投篮效果，我们根据球的垂直位置改变球的大小，也就是让球一点点变小，直到球到达篮筐。

投掷初始时，把球的大小设为原始值(100%)并放在第一个背景中，让篮球在投掷时能顺利到达篮筐。

在 **外观** 窗口，添加 **将角色的大小设定为 (100)** 模块和 **移至最上层** 模块。

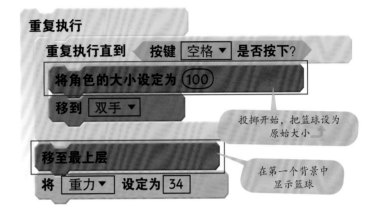

接着，逐渐减小球的尺寸，直到减小到原尺寸的一半并且到达篮筐位置，即坐标y等于−30。

用 **运算** 窗口中的 <...> 与 <...> 双条件模块替换 **碰到 < 星星 >?** 模块。

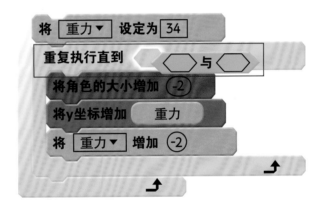

接着，在双条件模块的两个六边形凹槽中分别放入一个 [...]<[...]模块（一定要注意中间符号的方向）。

在两个[...]<[...]模块的前面的方框中，分别添加 运动 窗口中的 **y坐标** 模块和 外观 窗口中的 **大小** 模块，在后面的方框中分别输入–30和50。然后在 外观 窗口中，拖出 **将角色的大小增**

加 (10) 模块，放置在 **将y坐标增加 (重力)** 模块上方，并把10改成–2，这样就能让篮球的尺寸逐渐减小了。

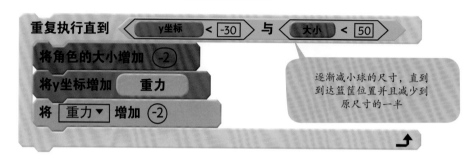

> 逐渐减小球的尺寸，直到到达篮筐位置并且减少到原尺寸的一半

自己测试一下！

点击 ▶ 按钮，观察篮球在到达篮筐时会不会形成一条漂亮的曲线，然后点击 ● 停止游戏并保存。

投篮得分

太棒了，漂亮的投球！现在开始尝试完成触碰星星并且投篮得分。

1.碰到星星

如果篮球碰到星星却在篮筐上方(也就是重力接近于0的位置)，那么我们就认为投篮成功。

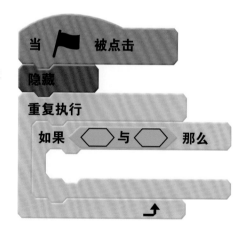

继续在隐藏脚本下面添加 **重复执行** 模块和 **如果** <...>那么模块，并放入<...>与<...>模块。

在第一个条件中放入**碰到**<**星星**>? 模块。

第二个条件中，首先放入**运算**窗口中的[...]<[...]模块。然后在前面的方框中输入数据重力并在后面的方框中输入数字0。

在**事件**窗口中，把**广播**<**GO**>模块放在**如果**<...>**那么**模块内部，并且创建新消息**篮筐**，意思是通知所有角色投篮得分。

如果篮球碰到星星却在篮筐上方，就会向所有角色发送篮筐消息，通知投篮得分

当投篮得分，也就是收到篮筐消息时，就要把星星隐藏起来，播放声音，然后为下一次投篮显示一个新的星星。

点击星星角色，开始一段新脚本，**当接收到**<**篮筐**>模块。在下面放置**隐藏**和**显示**模块，然后在两个模块中间放入**播放声音**<**篮筐**>模块，并放置**等待0.5秒**模块。

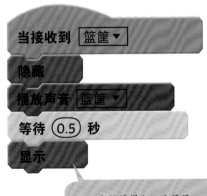

当投篮得分，隐藏星星，并在显示新的星星前播放音效篮筐

2.记录得分

比赛记分！每次碰到星星，记2分。

  　点击篮球角色，在 **数据** 窗口中，创建一个新的变量，命名为**分数**，选中**适用于所有角色**，点击**确定**按钮。

游戏开始时，变量初始化为0：在**隐藏**模块下方放置**将<分数>设定为（0）**模块。接着，如果碰到星星，变量值增加2：在循环条件中放置**将<分数>增加（0）**模块，并把0改成2。

游戏开始时，将分数设定为0

如果成功碰到星星，那么就记2分：把变量分数增加2

自己测试一下！

　点击 🏳 按钮测试。你能得多少分呢？记得保存！

双手

让双手移动

非常好，但你是不是感觉游戏太简单了？下面我们就让双手在投篮时能够移动。

1.让双手"动起来"

每次投篮，也就是每次按下空格键时，都要突出双手投球的效果。

点击双手，在**移至最上层**模块的下方继续添加脚本。在**控制**窗口中，拖出**在<...>之前一直等待**模块，并且在内部添加**侦测**窗口中的**按键<空格>是否按下?**模块。

在**外观**窗口中，接着在下面添加两个**将造型切换为<...>**模块，在第一个模块的下拉菜单中，选择**双手_颜色_浅_2**或者**双手_颜色_深_2**，在第二个模块的下拉菜单中，选择**双手_颜色_浅_1**或者**双手_颜色_深_1**。两个模块之间暂停1秒。

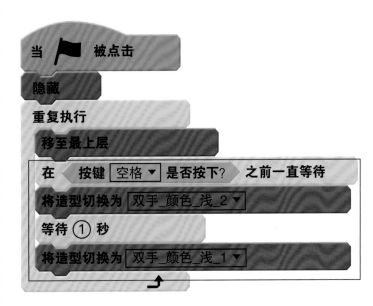

2.给双手重新定位

　　接着在屏幕下方随机定位双手的位置。在**等待(1)秒**模块下方，添加**运动**窗口中的**移到x:( ) y:( )**模块。然后在**运算**窗口中，拖出**在(1)到(10)间随机选一个数**模块放入x的数值的位置，两个随机数的位置分别输入–200和200，保证双手能够在整个舞台x轴方向随机出现。

双手能够在整个舞台横向随机定位

3.让双手从左向右移动

　　通过控制方向键，让双手能从左向右移动。还记得怎样用左右键控制角色移动吗？在**显示**模块后，继续添加脚本。

　　从**控制**窗口中，添加**重复执行**模块并在其内部添加两个**如果<...>那么**模块。然后在**侦测**窗口中，添加**按键<右移键>是否按下?**模块和**按键<左移键>是否按下?**模块，分别放在两个条件模块中。

　　最后，添加**运动**窗口中的**将x坐标增加(10)**模块（代表向右移动）和**将x坐标增加(–10)**模块（代表向左移动）。

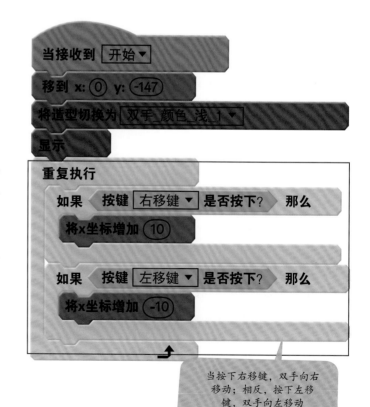

当按下右移键，双手向右移动；相反，按下左移键，双手向左移动

篮筐

加大游戏难度
让篮筐移动

给游戏增加难度……

1.让篮筐从左向右移动

点击篮筐角色，在**显示**模块后，继续添加脚本。在**控制**窗口中，拖出**在<...>之前一直等待**模块，并在其内部放入条件**分数>10**。

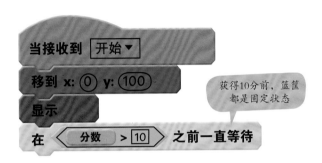

> 获得10分前，篮筐都是固定状态

从10分到20分，我们就要在4秒内让篮筐从左向右缓慢移动。

在**控制**窗口中，拖动并在下方放置**重复执行直到<...>**模块，并在内部放入条件**分数>20**。在**运动**窗口中，添加两个**在(1)秒内滑行到x:( ) y:( )**模块，放在**重复执行直到<...>**模块内部。

修改x和y的值。在第一个模块中，输入−190和100，表示可以到达舞台最左侧；在第二个模块中，填入190和100，表示可以到达舞台最右侧。通过修改秒数改变速度：可以从4开始，数字越小，篮筐左右移动越快。

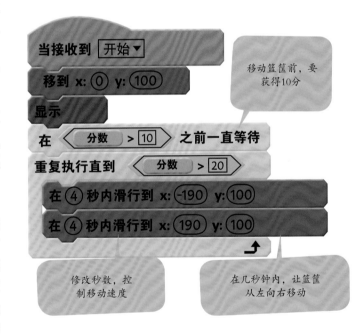

> 移动篮筐前，要获得10分

> 修改秒数，控制移动速度

> 在几秒钟内，让篮筐从左向右移动

2.根据分数，增加篮筐移动速度

复制**重复执行直到<...>**模块，并改变每一段的分数和秒数。你也可以按照自己的想法改变水平位置。

注意，为了让篮筐在最后一段也能继续移动，你不需要细化最大分数。可以用**重复执行**模块，代替**重复执行直到<...>**模块。

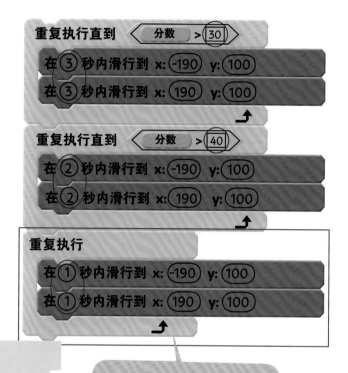

自己测试一下！

点击 ⚑ 按钮测试。保存游戏。

在最后一段中，用**重复执行**模块，代替**重复执行直到<...>**模块

添加倒计时器

1.创建倒计时器

添加一个倒计时器怎么样？让游戏在90秒后停止。首先创建变量时间，把它放置在舞台右上方的位置。

让变量开始时为90秒，并在背景出现时隐藏，在游戏开始时显示。

新建变量
变量名: 时间
● 适用于所有角色　　　○ 仅适用于当前角色
确定　　取消

点击舞台背景。在<u>数据</u>窗口中，拖出<u>隐藏变量<时间></u>模块，放在<u>当▶被点击</u>模块下方。

在篮球小将背景中隐藏时间变量

开始一段新脚本，放置**当接收到<开始>**模块，并在下方放置**将<时间>设定为(0)**模块，把0改成90，代表初始化时间为90秒。最后放置**显示变量<时间>**模块，在场景中显示倒计时器。

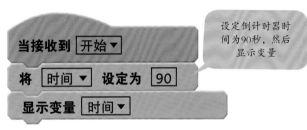

设定倒计时器时间为90秒，然后显示变量

2.倒计时开始

现在我们要创建倒计时，每过1秒，时间变量减少1，直到时间减少为0。

在<u>控制</u>窗口中，拖动并放置**重复执行直到<...>**模块，在内部放入**[...]=[...]**模块并放入条件**时间=0**。然后添加**等待(1)秒**模块和**将<时间>增加(1)**模块，并把1改成-1。

每次时间计时结束，就要向所有角色发送结束消息。在<u>事件</u>窗口中，拖出**广播<开始>**模块，并放置在循环模块**重复执行直到<...>**下方，创建一个新消息结束。

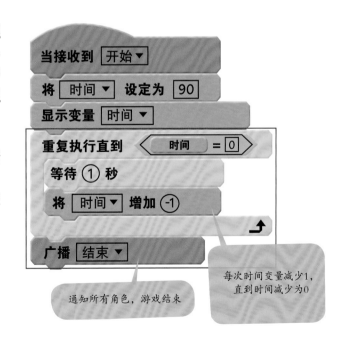

通知所有角色，游戏结束

每次时间变量减少1，直到时间减少为0

3.停止游戏

游戏结束后，要隐藏所有角色并停止角色脚本，但不要隐藏运动员角色，也不要停止运动员角色的脚本。

 点击星星角色，然后开始一段新脚本，在事件窗口中，拖出当接收到<结束>模块，然后在下面放置隐藏模块。接着，在控制窗口中，拖动并放置停止<全部>模块，并在下拉菜单中选择角色的其他脚本。把上面这段新脚本复制到其他角色中，运动员角色本身除外。

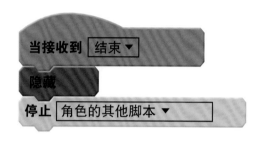

小窍门！

你可以通过把脚本直接拖到角色图标上的方法，来实现把脚本文件整体从一个角色复制到另一个角色中。

记得把这段脚本复制到其他角色中，运动员角色本身除外

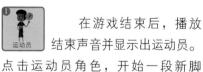 在游戏结束后，播放结束声音并显示出运动员。点击运动员角色，开始一段新脚本，放置当接收到<结束>模块。然后复制旁边的脚本。

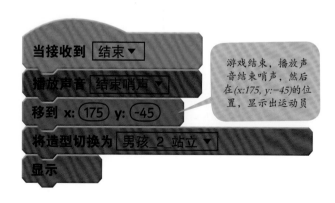

游戏结束，播放声音结束哨声，然后在(x:175, y:-45)的位置，显示出运动员

继续编写脚本，让运动员能够说出投篮得分数。

在**显示**模块下方，添加**外观**窗口中的**说（Hello!）（2）秒**模块。为了显示出"太棒了，你赢了X分"这句话，我们需要用到**连接[...]和[...]**模块。

在**运算**窗口中，在**说（Hello!）（2）秒**模块内部，放置两个**连接[...]和[...]**模块，把一个放在另一个内部。

> 为了显示运动员要说的话，要把两个连接[...]和[...]模块重叠起来

说　连接　Hello　和　连接　Hello　和　world　②　秒

在第一个方框里填入开始语句，接着在第二个方框里填入变量分数，最后在第三个方框中填入结尾语句。

说　连接　太棒了，你赢了　和　连接　分数　和　分　②　秒

用掌声结束游戏，并用**控制**窗口中的**停止<全部>**脚本，停止游戏。

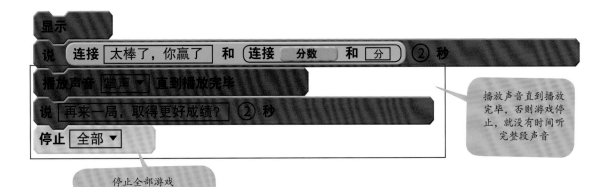

显示

说　连接　太棒了，你赢了　和　连接　分数　和　分　②　秒

播放声音　掌声▼　直到播放完毕

说　再来一局，取得更好成绩？　②　秒

停止　全部▼

> 播放声音直到播放完毕，否则游戏停止，就没有时间听完整段声音

> 停止全部游戏

自己测试一下！

非常棒！点击 ⚑ 按钮，玩一局游戏。你可以调整游戏难度，获得更多分数。

挑战

为了突出投篮效果，你能不能在球的后面添加一条曲线？

准备好挑战了吗?

你可以通过扫描下方的二维码，在解决方法文件夹中找到答案:

你学到了

协调多个角色间的动作	设置每一段条件
给角色（变量）添加重力	添加分数和倒计时器
在对话框中显示变量	

宇宙大战

你正在操纵发射到太空中的宇宙飞船!

躲避小行星并射击,

避免碰到飞船。

用时：2~2.5小时
等级：★★★

宇宙大战

 扫描二维码，观看游戏演示。

游戏规则

游戏目标： 存活尽可能长的时间，摧毁更多的小行星。当飞船没有生命值时，游戏结束。

通过键盘上的方向键，控制飞船。

按下空格键，射击小行星。

每摧毁一颗小行星，会赢得一定分数。

你有三条生命：如果碰到了小行星，就会失去一条生命；拯救一个宇航员，会恢复一条生命。

飞船　　小行星　　子弹　　小行星2　　宇航员

想要创建游戏，你可以通过扫描上方的二维码下载游戏需要的图片和声音。

祝你好运，年轻的宇航员！

游戏准备

1.导入背景

创建新游戏宇宙大战：文件>新建项目，命名并保存。在**05_宇宙大战**文件夹中，有三个游戏背景：带有游戏介绍的欢迎页面、带有太空和星星的游戏背景、游戏失败后的结束页面。

导入背景文件**介绍页面.svg、游戏.png**和**失败.png**，然后删除白色背景。

2.更换背景

现在从介绍背景开始编写游戏，几秒后切换到游戏背景。

点击脚本标签，放置**当** 🚩 **被点击**模块，开始程序。在**外观**窗口中，拖出两个**将背景切换为<失败>**模块，放在下面。在下拉菜单中，分别选择**介绍**和**游戏**。

在**控制**窗口中，在两个**将背景切换为<...>**模块之间，放入**等待（1）秒**模块，并把1改成5。

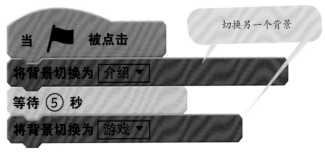

切换另一个背景

3.添加宇宙飞船，并定位

删除小猫，点击  图标，选择角色文件飞船.sprite2。把飞船摆放在游戏介绍背景的三个方向箭头中间。

导入角色文件
飞船.sprite2

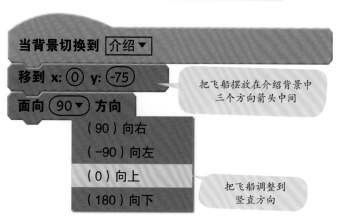

开始新脚本，放入**当背景切换到<介绍>**模块，然后添加**移到x:（60）y:（-46）**模块，把变量值改为*(x:0,y:-75)*。在**运动**窗口中，拖出**面向（90）方向**模块放在下方，并在下拉菜单中选择**（0）向上**，让飞船变为竖直状态，准备发射。

当背景切换到 介绍▼

移到 x: ⓪ y: -75

面向 90▼ 方向

（90）向右

（-90）向左

（0）向上

（180）向下

把飞船摆放在介绍背景中三个方向箭头中间

把飞船调整到竖直方向

下面有四种飞船造型供你选择

4.选择你的飞船

选择你喜欢的飞船造型，也可以改变造型或者自己设计！

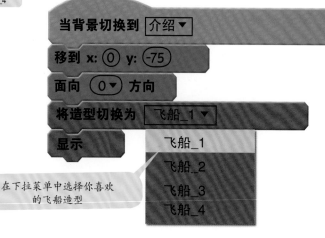

飞船_1　　飞船_2　　飞船_3　　飞船_4

在**外观**窗口中，拖出**将造型切换为<飞船_1>**模块，并在下拉菜单中选择你喜欢的飞船造型。在下方添加**显示**模块，在游戏开始时显示飞船。

当背景切换到 介绍▼

移到 x: ⓪ y: -75

面向 0▼ 方向

将造型切换为 飞船_1▼

显示

飞船_1

飞船_2

飞船_3

飞船_4

在下拉菜单中选择你喜欢的飞船造型

把飞船显示在舞台第一个背景中。添加**移至最上层**模块。

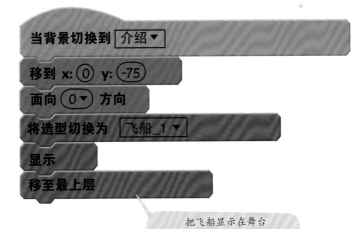

当背景切换到 介绍▼

移到 x: ⓪ y: -75

面向 ⓪▼ 方向

将造型切换为 飞船_1▼

显示

移至最上层

把飞船显示在舞台第一个背景中

自己测试一下！

点击 ⚑ 按钮测试。然后点击 ⬣ 并保存游戏：文件>保存！

添加小行星

下面开始添加小行星！

点击 ⬆ 图标，选择**小行星**.sprite2。非常好，现在有了一颗小行星，但是在宇宙中会有许多小行星！现在下达指令，克隆（复制）小行星。

1.在游戏开始时，调整小行星尺寸并隐藏原始的小行星

角色

飞船　小行星

开始新脚本，放入**当背景切换到<介绍>**模块，然后在外观窗口中，拖出**将角色的大小设定为（30）**模块和**隐藏**模块，可以调整小行星尺寸，并且隐藏原始的小行星。

当背景切换到 介绍▼

将角色的大小设定为 (30)

隐藏

调整尺寸并隐藏小行星

2.开始每一秒克隆一颗小行星

在**事件**窗口中，开始新脚本，放入**当背景切换到<游戏>**模块。

在**控制**窗口中，拖出**重复执行**模块放在下方，然后在其内部放入**等待（1）秒**模块和**克隆<自己>**模块，这样就可以克隆（复制）小行星了。

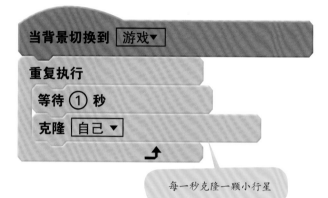

每一秒克隆一颗小行星

3.在不同间歇中克隆小行星

下达指令，在2~5中随机选择一个数。

如果想让游戏变简单，可以把数值增大

在**运算**窗口中，拖出**在（1）到（10）间随机选一个数**模块，替换**等待（1）秒**模块中的数字1，可以把数字1和10改成2和5。

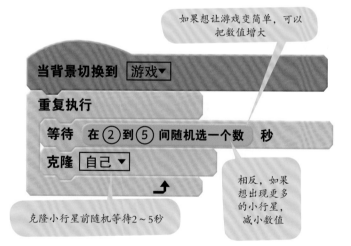

克隆小行星前随机等待2~5秒

相反，如果想出现更多的小行星，减小数值

测试一下!

点击 🚩 按钮测试。仔细观察后，说一说发生了什么事情？是不是看不到小行星了？这很正常：原始的小行星被隐藏了，虽然有克隆的新行星，但还没让它们显示出来！

随机显示小行星

1.在舞台中显示克隆的小行星

在**控制**窗口中，拖动并放置**当作为克隆体启动时**模块。

在**运动**窗口中，拖动并在上一模块下方放置**移到x:（48）y:（−42）**模块（不用担心现在的数值）。最后，在**外观**窗口中，拖出**显示**模块，这样就可以显示克隆出的小行星了。

> **当作为克隆体启动时**
> 移到 x:（48）y:（−42）
> 显示

2.在测试前，用随机的方式给小行星定位

用随机的方式在舞台中给小行星定位。

在**运算**窗口中，拖出两个**在（1）到（10）间随机选一个数**模块，分别代替**移到x:（48）y:（−42）**模块中x和y的值。x的值要在−240~240之间（或者480代表舞台的长度），y的值要在−180~180之间（或者360代表舞台的高度）。

> **当作为克隆体启动时**
> 移到 x:（在（−240）到（240）间随机选一个数）　y:（在（−180）到（180）间随机选一个数）
> 显示

> 用随机的方式在舞台中给小行星定位

测试一下！

点击 ⚑ 按钮，测试小行星在固定的时间间隔内随机出现在舞台的不同位置。记得保存游戏！

小行星

避免小行星出现在飞船下方

等了几秒后，你会发现有些小行星会出现在飞船下方。为了避免这种情况，我们就要在显示模块下方添加一段脚本。如果小行星出现在了飞船下方，要给它在另外的地方重新定位。

1.重新定位直到小行星不会碰到飞船

在控制窗口中，拖出重复执行直到<...>模块（注意别和等待直到<...>模块混淆），放在显示模块下方。

在运算窗口中，拖出<...>不成立模块，放在重复执行直到<...>模块的六边形凹槽中。然后，在<...>不成立模块的六边形凹槽中放入侦测窗口中的碰到<...>? 模块，点击黑色小箭头，并在下拉菜单中选择飞船。

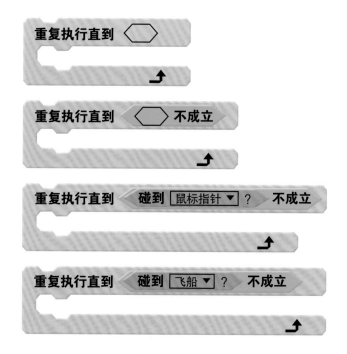

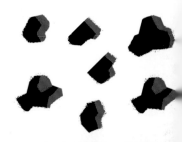

2.给小行星重新定位

在**重复执行直到<...>**模块内部，放入**移到x: (　) y: (　)**模块。添加两个**在 (1) 到 (10) 间随机选一个数**模块，分别代替**移到x: (　) y: (　)**模块中x和y的值。

x的值要在−240~240之间，y的值要在−180~180之间，可以覆盖整个舞台范围。

好了，游戏初始阶段，再也不会有小行星出现在飞船下方的危险了！

小窍门：你可以复制这个模块

当作为克隆体启动时

移到 x: 在 **-240** 到 **240** 间随机选一个数　y: 在 **-180** 到 **180** 间随机选一个数

显示

重复执行直到　　碰到 **飞船 ▼** ?　**不成立**

移到 x: 在 **-240** 到 **240** 间随机选一个数　y: 在 **-180** 到 **180** 间随机选一个数

只要小行星碰到飞船，就让它重新定位

自己测试一下！

点击 🚩 按钮测试。然后点击 ⬤ 并保存游戏：文件 > 保存！

小行星

让小行星动起来

现在要让小行星动起来啦！让小行星可以向任意方向运动。

1.向任意方向运动

继续编写脚本。在 运动 窗口中，拖出**面向**（90）**方向**模块，放在**重复执行直到**<...>模块下方。用 运算 窗口中的**在（1）到（10）间随机选一个数**模块代替90。然后把1改成0，把10改成360（1圈的角度），这样就可以让小行星向任意方向运动了。

向任意方向运动

2.让小行星前进

现在让小行星前进。

在 控制 窗口中，拖出**重复执行**模块，放在**面向**（90）**方向**模块下方。然后在 运动 窗口中，拖出**移动**（10）**步**模块放在**重复执行**模块内部。然后把10改成3，可以减慢小行星速度。你也可以尝试用其他数值改变小行星的移动速度。

不断重复移动3步的动作。你可以通过改变数值来控制小行星的移动速度！

3.在边界处弹回

真是太棒了，但是小行星到达背景边界处就被卡住了！现在让小行星到达舞台边界后弹回。

在 运动 窗口中，拖出 碰到边缘就反弹 模块，放在 移动（3）步 模块下方。

如果行星碰到背景边界，弹回

自己测试一下！

点击 🏳 按钮测试。然后点击 ⬤ 并保存游戏：文件 > 保存！

让飞船转动

在小行星的包围之下，飞船要能进行防卫！在射击之前，我们要让飞船能够在左右键的控制下旋转调整射击方向。

1.向右旋转　[>]

你看到键盘上的右移键了吗？我们要做到每次按下右移键，飞船都能稍稍向右旋转。

开始一段新脚本，放置 当背景切换到<游戏>模块。我们要时刻验证，如果右移键被按下，通过 控制 窗口中的 重复执行 模块开始程序。

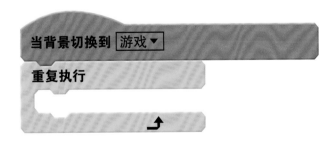

现在要添加条件：是否按下右移键。

在 **控制** 窗口中，拖出 **如果<...>那么** 模块放在 **重复执行** 模块内部。这样就能实现条件测试。

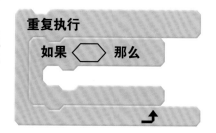

在 **侦测** 窗口中，拖出 **按键<空格>是否按下？** 模块，放在 **如果<...>那么** 模块的六边形凹槽中，检测一下程序，确认是否有按键被按下。

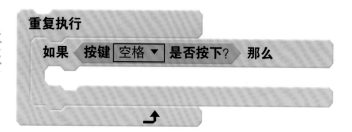

点击黑色箭头，在下拉菜单中选择 **右移键**。现在形成了条件模块：**如果按键<右移键>是否按下？那么**。

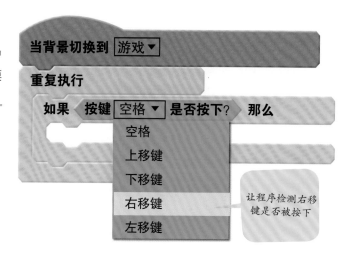

让程序检测右移键是否被按下

现在我们还能做什么？

旋转，太棒了！

在 **运动** 窗口中，拖动并放置 **右转 ↻（15）度** 模块，把15改成6，让飞船缓慢旋转。

向右旋转6度

自己测试一下！

点击 🏳 按钮并按下右移键。拟定飞船可以向右旋转了吗？太棒了！记得保存右移！

• 如果按下左移键，会发生什么？非常酷！
• 如果改变了旋转角度值，会发生什么？试试15！

2.向左旋转 ＜

你有办法让飞船向左旋转吗？和按下右移键是一样的原理，需要变换按键和方向！

在第一个**如果<...>那么**模块下方，再放一个**如果<...>那么**模块。添加**按键<空格>是否按下？** 模块，并在下拉菜单中选择**左移键**。然后，拖动并放置**左转↺(15)度**模块，并把15改成6。

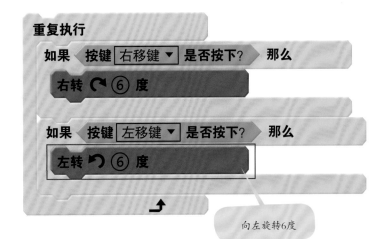

向左旋转6度

准备射击！

子弹

1.添加射击子弹

我们完善一下这个游戏，接下来完成添加子弹的部分。点击 📤 图标，导入角色文件**子弹.sprite2**。

当游戏在介绍背景时，隐藏子弹。

游戏开始时，隐藏子弹

2.检测空格键是否被按下

飞船依靠空格键控制射击。每次按下空格键，克隆一枚子弹。还记得怎么知道按键被按下吗？这和左移键和右移键是一样的，只需要在按键后面的下拉菜单中选择空格。

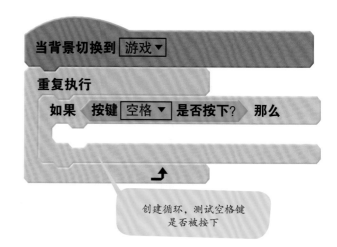

创建循环，测试空格键是否被按下

3.克隆子弹

飞船要能够不停地射击子弹，所以要像刚刚克隆小行星一样克隆子弹。每次按下空格键，就要在固定的时间间隔内克隆一枚子弹。

在 **控制** 窗口中，拖出**克隆<自己>**模块放在**如果按键<空格>是否按下？那么**模块内部。接着放入**等待（1）秒**模块，把1改成0.2。

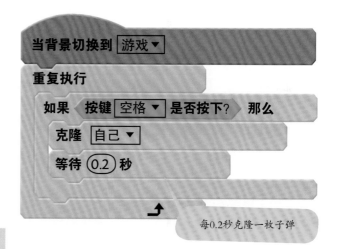

每0.2秒克隆一枚子弹

自己测试一下！

点击 ⚑ 按钮，尝试射击，应该什么都不会发生！很正常，我们还没有让这些克隆子弹做什么。现在开始……

4.射击方向定位

现在要编写一段新脚本，把子弹放置在飞船所在的位置。

在 **控制** 窗口中，拖动并放置 **当作为克隆体启动时** 模块。然后在 **运动** 窗口中，添加 **移到<鼠标指针>** 模块。点击黑色箭头，在下拉菜单中选择 **飞船**。

把子弹放置在飞船中心位置

为了发射子弹，需要让子弹和飞船保持相同的方向。在 **运动** 窗口中，拖动并放置 **面向<90>方向** 模块（注意不要和 **面向<...>** 模块混淆），然后在 **侦测** 窗口中，用 **<x坐标>对于<子弹>** 模块代替 **面向<90>方向** 模块中的数字90。

在两个下拉菜单中分别选择 **方向** 和 **飞船**。

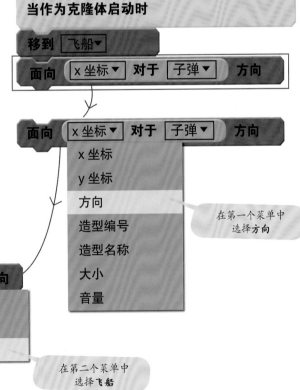

在第一个菜单中选择 **方向**

在第二个菜单中选择 **飞船**

5.射击

　　射击前最后一步，显示克隆子弹并且让子弹发射。添加**显示**模块，显示子弹。

添加**显示**模块，
显示子弹

　　子弹保持前进，直到碰到边界或者小行星。继续在**显示**模块下添加脚本。在**控制**窗口中，拖动并放置**重复执行直到<...>**模块，然后在六边形凹槽中添加**运算**窗口中的<...>或<...>模块。

　　在**侦测**窗口中，添加**碰到<...>?**模块，并在下拉菜单中分别选择**边界**和**小行星**。

　　在**重复执行直到<...>**模块循环内部添加**移动（10）步**模块，并把10改成5。

保持前进，直到碰到边界
或者小行星

每次子弹碰到背景边界或者小行星，子弹就要消失。在**重复执行直到<...>**模块下方，添加**删除本克隆体**模块。

当子弹碰到背景边界或者
小行星删除克隆

自己测试一下!

点击 ▶ 按钮，按下空格键进行测试。非常好，飞船可以向各个方向射击了！

6.让小行星消失

当子弹碰到小行星，这颗小行星就要消失。点击小行星图案，在**碰到边缘就反弹**模块下方，添加条件模块**如果<...>那么**，然后添加**侦测**窗口中的**碰到<...>?** 模块，并在下拉菜单中选择**子弹**。然后，在**如果<...>那么**模块内部，添加**控制**窗口中的**删除本克隆体**模块。

当小行星被子弹碰到，
小行星消失

自己测试一下!

点击 ▶ 按钮测试。然后点击 ⬤ 保存游戏!

添加分数

你尝试过自己计分吗？不容易吧！我们需要让电脑计分，首先创建一个变量。

1.创建分数

首先创建一个分数变量，就是在电脑的存储区域记录分数值。

点击**数据**窗口，然后点击**建立一个变量**按钮。

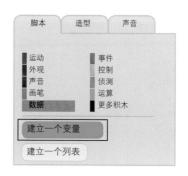

给变量命名，比如分数，然后点击**确认**按钮。在屏幕左上角显示分数。

变量要适用到每一个角色，选择适用于所有角色

2.隐藏分数

在介绍背景中不能显示分数，要把它隐藏起来。返回到飞船角色中，在**当背景切换到<介绍>**模块下方，添加**数据**窗口中的**隐藏变量<分数>**模块。

在介绍背景中隐藏分数

3.初始化并显示分数

　　游戏开始时，也就是切换到游戏背景时，把分数设置为0。在**当背景切换到<游戏>**模块下方，添加**数据**窗口中的**将<分数>设定为（0）**模块和**显示变量<分数>**模块。

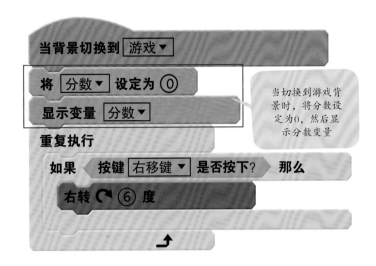

当切换到游戏背景时，将分数设定为0，然后显示分数变量

4.计分

小行星

　　现在开始计分！每次成功射击一颗小行星，也就是子弹碰到小行星的时候，计50分。还记得当子弹碰到小行星，它就会消失的位置吗？

　　点击小行星角色，你看到**如果碰到<子弹>？那么**模块了吗？我们要在这个模块内部添加一个新模块。在**数据**窗口中，拖出**将<分数>增加（1）**模块放在**删除本克隆体**模块上方，并把1改成50。

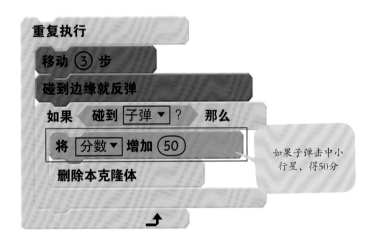

如果子弹击中小行星，得50分

自己测试一下！

　　点击 ⚑ 按钮测试。然后点击 ● 保存游戏！

解决飞船和小行星之间的冲突

1.让小行星消失

当小行星碰到飞船，小行星就要消失。

继续小行星脚本，在第一个条件模块下方添加第二个模块如果<...>那么。

在**侦测**窗口中，拖出**碰到**<...>? 模块，并在下拉菜单中选择飞船。

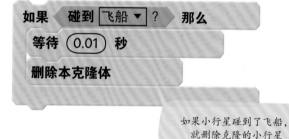

然后，在**控制**窗口中，拖出**等待（1）秒**模块并放在**如果碰到**<飞船>**?那么**模块内部，把1改成0.01，然后添加**删除本克隆体**模块，可以删除克隆的小行星。

> 如果小行星碰到了飞船，就删除克隆的小行星

2.切换到失败背景

当小行星碰到了飞船，我们就失败了，要显示失败背景。点击飞船角色，开始一段新脚本，放置**当背景切换到**<游戏>模块。在**控制**窗口中，拖出**重复执行**和**如果**<...>**那么**模块，来创建循环条件。

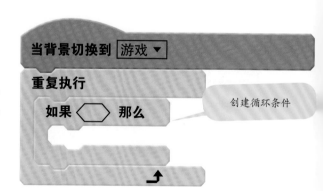

> 创建循环条件

如果小行星碰到了飞船，就要隐藏飞船，然后将背景切换为失败，播放声音失败，然后停止游戏。

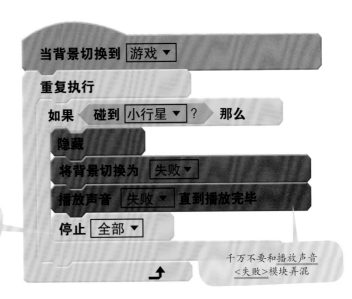

当背景切换到 [游戏 ▼]

重复执行

　如果　碰到 [小行星 ▼] ？　那么

　　隐藏

　　将背景切换为 [失败 ▼]

　　播放声音 [失败 ▼] 直到播放完毕

　停止 [全部 ▼]

添加[控制]窗口中的停止<全部>模块停止游戏

千万不要和播放声音<失败>模块弄混

添加声音效果

我们给游戏添加些声音效果怎么样？

1.添加爆炸声

你觉得让子弹碰到小行星后发出爆炸声怎么样？点击小行星图标，在 [声音] 窗口中，拖出 **播放声音<爆炸>** 模块，放在 **将<分数>增加（50）** 模块上方。

飞船碰到小行星的情况也做同样的操作。当然，你可以使用自己喜欢的音效！

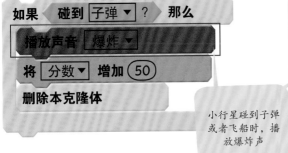

如果　碰到 [子弹 ▼] ？　那么

　播放声音 [爆炸 ▼]

　将 [分数 ▼] 增加 (50)

删除本克隆体

小行星碰到子弹或者飞船时，播放爆炸声

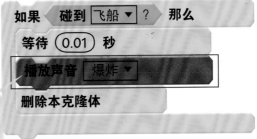

如果　碰到 [飞船 ▼] ？　那么

　等待 (0.01) 秒

　播放声音 [爆炸 ▼]

删除本克隆体

2.添加激光射击效果

　　现在要添加激光射击效果。点击子弹角色，然后在**显示**模块上方添加**播放声音<激光>**模块。

当作为克隆体启动时

移到　飞船▼

面向　方向▼　对于　飞船▼　方向

播放声音　激光▼

显示

播放激光射击效果声音

测试一下！

　　点击 ⚑ 按钮，按下空格键，测试声音效果。记得保存游戏！

飞船

让飞船前进

　　我们的飞船现在可以左右转动，但是它还需要能够前进以便更好地躲避小行星！你有办法吗？

　　返回到飞船图标，在带有左移键和右移键的模块下方，添加新的**如果<...>那么**模块。

　　在**侦测**窗口中，拖出**按键<空格>是否按下？**模块放在**如果<...>那么**模块的六边形凹槽中，并在下拉菜单中选择**上移键**。

　　在**运动**窗口中，拖出**移动(10)步**模块，放在**如果<...>那么**模块的内部，把10改成3。

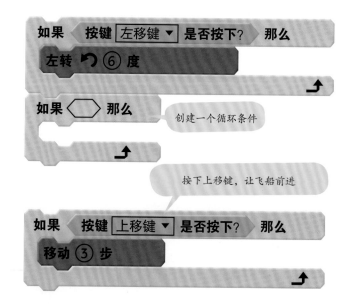

如果　按键　左移键▼　是否按下？　那么

左转 ↶ ⑥ 度

如果 ⬡ 那么

创建一个循环条件

按下上移键，让飞船前进

如果　按键　上移键▼　是否按下？　那么

移动 ③ 步

测试一下！

　　点击 ⚑ 按钮，按下上移键，确保飞船可以向前移动。但是它还不能后退？很正常，飞船自己当然不会后退。

加大游戏难度

设置生命值

1.创建并初始化变量

我们为飞船添加一个生命值计数器怎么样?

在 数据 窗口中,创建变量生命值,放在舞台右上角的位置。游戏开始时,飞船有3条生命。把生命值设置为3,然后显示生命值变量。别忘了在介绍背景中,要隐藏生命值变量。

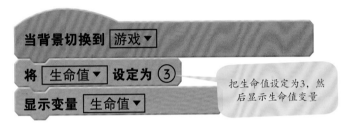

当背景切换到 游戏▼

将 生命值▼ 设定为 ③

显示变量 生命值▼

> 把生命值设定为3,然后显示生命值变量

2.失去生命值

每次飞船碰到小行星,就会失去一条生命。刚刚我们做过增加分数值的操作,同样道理,失去生命值只要把数字换成负数就可以了,即将<生命值>增加(−1)。

重复执行

如果 碰到 小行星▼ ? 那么

将 生命值▼ 增加 −1

> 让飞船失去一条生命

隐藏

将背景切换为 失败▼

播放声音 失败▼ 直到播放完毕

停止 全部▼

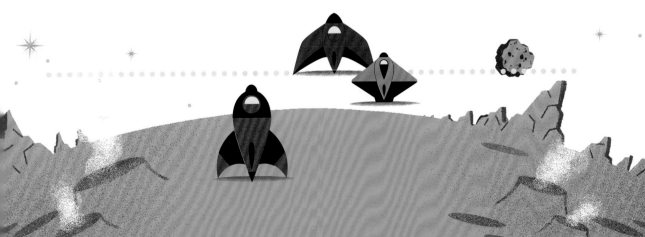

3.当生命值用尽停止游戏

之前，只要飞船碰到小行星就输掉了。现在，我们有了生命值计数器，当生命值到达0时，游戏结束。

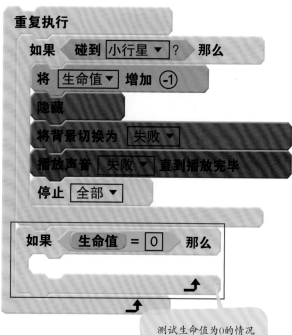

继续在第一个**如果<...>那么**模块下方，添加新的条件。

测试生命值为0的情况

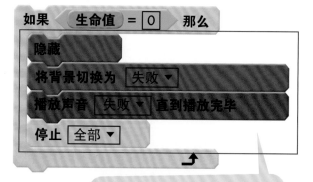

然后在新的**如果<...>那么**模块中，复制**将<生命值>增加（−1）**模块下方的所有模块。

在新的**如果<...>那么**模块中，复制**将<生命值>增加（−1）**模块下方的所有模块

测试一下！

点击 🚩 按钮测试，当生命值耗尽显示结束背景。记得保存！

复制小行星

　　你能不能添加一个小行星？不用担心，非常快，只需要复制已经有的小行星就可以！在角色区域，鼠标右键点击小行星角色，并在弹出的快捷菜单中选择复制命令。看，现在就有了小行星2，而且有相同的脚本。

复制小行星和脚本，然后可以进行修改

1.修改第二个小行星脚本

　　点击小行星2，随意修改脚本。比如，可以修改**将角色的大小设定为(25)**模块中的数值，改变小行星的尺寸。

当背景切换到 介绍▼

将角色的大小设定为 25

隐藏

改变小行星大小

也可以更改速度和分数的数值。

重复执行

移动 5 步

碰到边缘就反弹

如果 碰到 子弹▼ ？ 那么

播放声音 爆炸▼

将 分数▼ 增加 100

删除本克隆体

例如，把速度增加到5

把分数增加到100

2.修改飞船脚本

　　你知道怎么修改飞船脚本，让它碰到小行星或者小行星2时减少一条生命吗？添加运算符并在六边形凹槽条件中加入第二个小行星。飞船和小行星发生碰撞时，添加一个声音效果。

如果　碰到　小行星▼ ？　或　碰到　小行星2▼ ？　那么

将　生命值▼ 增加　-1

播放声音　失败 ▼　直到播放完毕

> 当飞船碰到小行星和小行星2时，减少一条生命

> 添加碰撞声音效果

3.修改子弹脚本

我们也要在子弹脚本中做同样的修改：在<...>或<...>模块的第二个六边形凹槽中添加<...>或<...>模块，在刚刚添加的<...>或<...>模块的两个六边形凹槽中，填入**侦测**窗口中的**碰到<...>?** 模块，在它们的下拉菜单中，分别选择**小行星**或**小行星2**。

```
重复执行直到   碰到 边界▼ ?    或    碰到 小行星▼ ?    或    碰到 小行星2▼ ?
  移动 ⑤ 秒
  播放声音 爆炸▼ 直到播放完毕
```

自己测试一下！

点击 🏳 按钮，玩一局游戏。如果觉得游戏太难，可以增加生命值，或者减小小行星的速度。

小窍门！

你知道怎么能像冲锋枪一样射击吗？这需要改变飞船射击速度，你可以试试输入0.1。

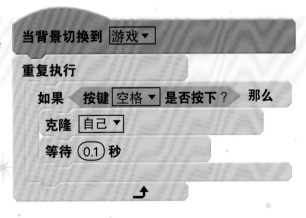

```
当背景切换到 游戏▼
重复执行
  如果   按键 空格▼ 是否按下 ?   那么
    克隆 自己▼
    等待 ⓪.1 秒
```

挑战

宇航员

你喜欢新的挑战吗？你可以尝试添加宇航员来恢复一条生命吗？

1.首先导入角色文件**宇航员.sprite2**。

2.把宇航员的尺寸设定为50％，定位在介绍背景中*(x:−120,y:−100)*的位置。让他说"3...2...1...开始"，然后隐藏宇航员。

3.每次开始游戏，如果只剩下一条生命，无论在哪个背景中，几秒钟之后宇航员就要出现（尺寸为20％）。

4.他会说："救我！"并且在宇宙中慢慢飘动几秒钟，然后消失。

5.当飞船成功拯救一名宇航员，就直接增加一条生命，然后播放声音**宇航员**。

6.如果子弹碰到宇航员，就要让他消失。

别忘了，失败后，也就是游戏结束时要隐藏宇航员。

准备好挑战了吗?
你可以通过扫描二维码，在解决方法文件夹中找到答案。

你学到了

修改游戏角色的显示和尺寸	管理角色之间的冲突
随机克隆角色	用克隆创建连续的子弹

添加声音和生命值计数器

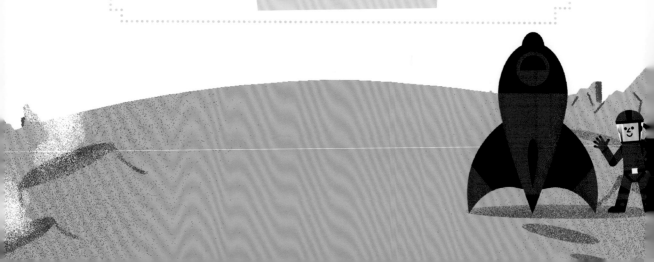

运用我们提供的方法和你在本书中学到的内容，
通过Scratch源代码或者你自己编写的代码，
来创建你自己的游戏。

你知道第一款电子游戏是什么时候出现的吗？

第一款电子游戏诞生于20世纪50年代。德国的发明家拉尔夫·贝尔开发了OXO(1952)、Tennis for Two(双人网球)(1958)和Space War(太空大战)(1962)游戏。

直到1972年，雅达利公司创始人诺兰·布什内尔发明了《乒乓》游戏，电子游戏才逐渐流行起来，这款经典游戏使雅达利公司在电子游戏历史上具有了举足轻重的地位。

电子游戏的到来，比如任天堂(Nintendo)公司的超级马里奥兄弟，让游戏在各个年龄段的人群中广受公认。

拉尔夫·贝尔

乒乓 1 1

通过什么方式开始创建小游戏？

你可以从本书中做过的游戏开始，对游戏做改动，比如，改变背景或者游戏角色。也可以增加新的功能，比如分数、倒计时，或者增加游戏的难度。

Scratch官网上已经有很多小游戏啦！如果你感兴趣，可以对这些游戏程序进行改编（改编以后分享游戏时，别忘了注明原作者哟）。对一些已有的游戏程序进行个性化改编，是你自己创建小游戏的第一步。

你想创建自己的游戏吗？

首先，你需要有一个想法！如果还没有，你可以在Scratch官网或者其他网站上找找灵感。

我们的建议

· 最重要的是：要先从一个简单的游戏开始，然后慢慢改进。

· 你已经有想法了？太棒了！
我们会告诉你几个创建游戏的重要步骤，并且教你如何在Scratch库中找到图片和声音。如果你自己设计图片或者已经有保存好的图片，那就更好啦。

加油，开始行动吧！

编写一个故事板

编写故事是创建一款游戏的第一步，这非常重要。我们已经为你准备好了表格，请你发挥你的创造力，填写一下吧！

游戏名称

游戏人数

游戏类型

- ☐ 动作类或冒险类游戏
- ☐ 竞赛类或战争类游戏
- ☐ 平台游戏
- ☐ 街机游戏
- ☐ 单人游戏
- ☐ 双人游戏
- ☐ 多人游戏

游戏目的

目 的

游戏的目的是什么？ --------------------------------------

游戏在哪儿进行？ --------------------------------------

有什么角色？ --------------------------------------

角色的任务或者目标是什么？ --------------------------------

有队友或者敌人吗？ --------------------------------------

游戏中怎么升级？ --------------------------------------

如何判断胜利或失败？ --------------------------------------

游戏规则

游戏规则

怎么玩这个游戏？ --------------------------------------

怎么移动？ --------------------------------------

怎么消灭敌人或者收集物品？ ------------------------------

需要赢多少分？ --------------------------------------

有没有时间限制？ --------------------------------------

绘制游戏背景草图。

绘制出游戏界面

描述游戏过程

绘制出游戏界面

描述游戏过程

创建一个脚本

太棒了！你的故事板已经准备好了，游戏规则也定下来了，现在你就可以创建游戏脚本了。游戏脚本的实现过程就是游戏基础程序编写，没有欢迎页面，也没有胜利或者失败的页面，没有专门的装饰，也没有字体和声音。

在创建故事板的过程中，我们要专注于游戏的主旨，以保证游戏的构思和互动性。例如，"乒乓球"这个游戏，我们要确保球拍能够发球、两个玩家可以对打、计分器计分准确等条件。然后，在接下来的步骤中，增加背景、字体、图表、声音以及更高级的功能。

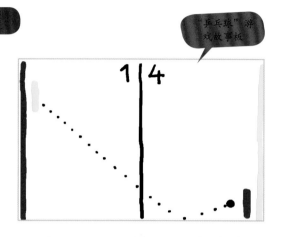

"乒乓球"游戏故事板

"乒乓球"游戏脚本

1.怎样创作出游戏脚本？

根据自己设计好的游戏故事板，在Scratch中创建主要的游戏场景。以下是几个建议及步骤：

- ·插入游戏装饰和角色；
- ·定义角色的尺寸大小和位置；
- ·设置角色的移动；
- ·设置角色间的交互：从最简单的交互动作开始。

如果几个角色做相同的动作，复制一个角色的脚本即可。

- ·从最简单、最必要的功能开始设计，逐步加入新功能；
- ·每一步都要测试，切记保存游戏！

2.插入背景

　　说到装饰，你可以自己绘制背景图片，当然也可以在Scratch库中下载。

　　如果你要自己绘制，点击 / 图标。如果是在库中选择背景图，点击背景框下方的 图标。当然，游戏中可以添加多个背景。

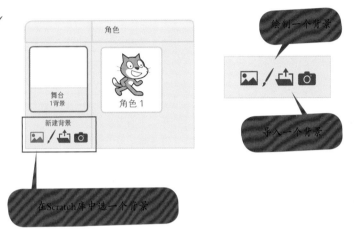

绘制一个背景

导入一个背景

在Scratch库中选一个背景

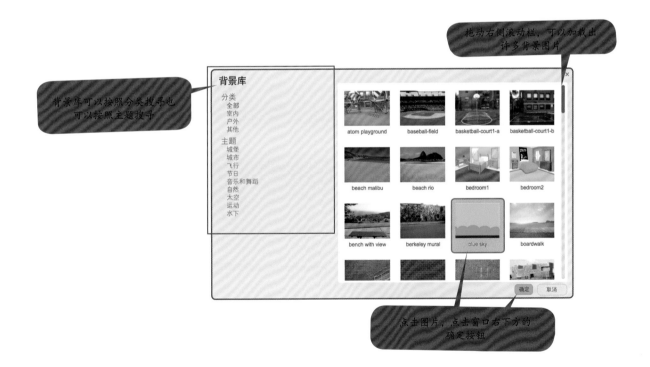

拖动右侧滚动栏，可以加载出许多背景图片

背景库可以按照分类搜寻也可以按照主题搜寻

点击图片，点击窗口右下方的确定按钮

3.添加角色

插入好背景后，就可以加入角色了。你可以自己绘制角色，当然也可以在Scratch库中下载。

在角色图标区域，点击新建角色栏右侧的♠图标，在图标库中进行选择。当然，你的游戏中可以有多个角色。

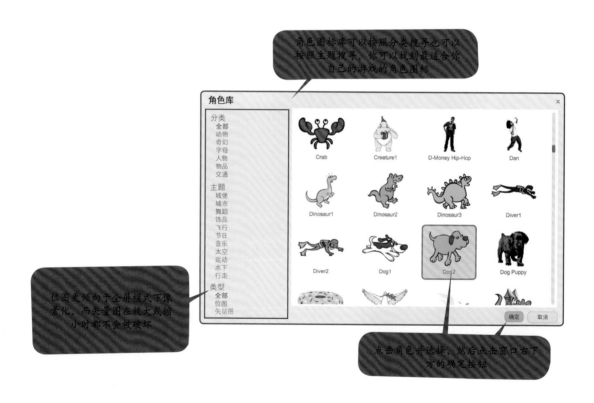

注意：当删除角色时，同时也删除角色中的脚本，所以删除之前一定要注意，否则会丢失程序！别忘了及时保存游戏，避免出现问题……

4.添加背景音乐

你的游戏基础部分能正常运行，太棒了！现在可以更好地完善一下了，比如加入背景音乐。点击背景图案，在声音选项卡中选择添加背景音乐。

点击 🔊 图标，打开声音库，接着点击类别。点击选择的声音，然后点击确定按钮确认。

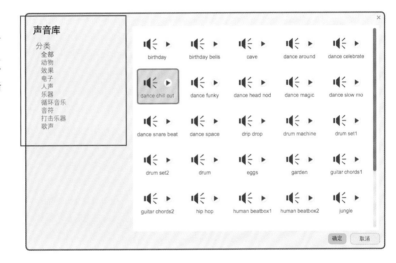

选好音乐后，别忘记编写脚本文件。

5.添加声音效果

添加声音效果前，要确认角色图标已经添加声音。点击图标，然后点击声音选项卡。

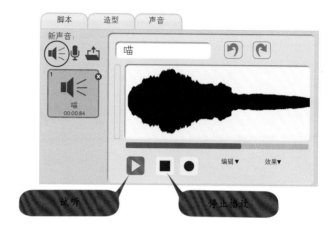

如果你的角色没有声音，或者你想修改声音，那么，点击 🔊 图标，在Scratch库中选择你想要的声音。

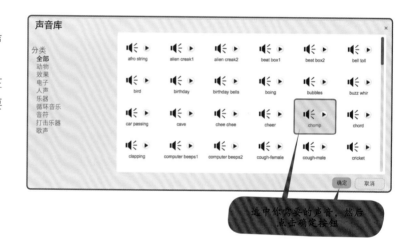

一个角色可以有多个声音。修改播放声音的脚本：在脚本中添加**播放声音<...>**模块或者**播放声音<...>直到播放完毕**模块。

你也可以**录制自己的声音**！点击图标，然后点击●按钮。当你录制完成，点击停止按钮。别忘了给录音命名，并修改脚本。

非常好！

现在你有足够的能力

去创建属于自己的游戏啦！

祝你玩得开心!

图书在版编目（CIP）数据

从小爱编程：Scratch魔法课堂 ／（法）亚历珊德拉·贝尔纳著；童趣出版有限公司编译. -- 北京：人民邮电出版社，2019.4
ISBN 978-7-115-50718-1

Ⅰ．①从… Ⅱ．①亚… ②童… Ⅲ．①程序设计－少儿读物 Ⅳ．①TP311.1-49

中国版本图书馆CIP数据核字(2019)第022009号

著作权合同登记号 图字：01-2018-5221

责任编辑：孙铭慧　吕瑶瑶
责任印制：李晓敏
美术设计：杨志芳

编　　译：童趣出版有限公司
出　　版：人民邮电出版社
地　　址：北京市丰台区成寿寺路11号邮电出版大厦（100164）
网　　址：www.childrenfun.com.cn

读者热线：010 – 81054177
经销电话：010 – 81054120

印　　刷：北京东方宝隆印刷有限公司
开　　本：889×1194 1/16
印　　张：8
字　　数：200千字
版　　次：2019年4月第1版　2019年4月第1次印刷
书　　号：ISBN 978-7-115-50718-1
定　　价：58.00元

绿色印刷 保护环境 爱护健康
亲爱的读者朋友：
　　本书已入选"北京市绿色印刷工程——优秀出版物绿色印刷示范项目"。它采用绿色印刷标准印制，在封底印有"绿色印刷产品"标志。
　　按照国家环境标准（HJ2503-2011）《环境标志产品技术要求 印刷 第一部分：平版印刷》，本书选用环保型纸张、油墨、胶水等原辅材料，生产过程注重节能减排，印刷产品符合人体健康要求。
　　选择绿色印刷图书，畅享环保健康阅读！
北京市绿色印刷工程